PRODUCT COLOR DESIGN

产品色彩设计

王毅 著

化学工业出版社
·北京·

本书正文包括三部分。第一部分论述相关的色彩设计基础理论在设计实践中的应用。第二部分主要论述当前产品色彩设计的方法、设计理念、经验及主流设计原则。第三部分主要从产品色彩实现的角度出发，阐述如何通过色彩评价、生产约束以及商业化色彩设计需求来权衡色彩设计方案，以有效增加产品价值。附录是产品色彩设计相关理论、定义、方法等，主要内容为色彩的基本定义、色彩的推移、色彩的对比与调和、色调、色彩的空间混合、色彩的肌理、色彩的社会属性、色彩构成的应用技术等。

本书正文部分引导读者掌握设计知识、技巧、经验，附录可以作为工具书，帮助读者快速掌握色彩设计基础理论与知识。

本书可供高等学校设计专业本科教学使用，也可供从事产品设计和平面设计的人员参考。

图书在版编目（CIP）数据

产品色彩设计 / 王毅著 . —北京：化学工业出版社，2015.10（2024.2 重印）
ISBN 978-7-122-24864-0

Ⅰ. ① 产…　Ⅱ. ① 王…　Ⅲ. ① 产品色彩设计 - 色彩学　Ⅳ. ① TB472

中国版本图书馆 CIP 数据核字（2015）第 184223 号

责任编辑：李玉晖　　文字编辑：龙　婧
责任校对：边　涛　　封面设计：杨剑威

出版发行：化学工业出版社（北京市东城区青年湖南街 13 号　邮政编码 100011）
印　　装：北京捷迅佳彩印刷有限公司
787mm×1092mm　1/16　印张 15　字数 210 千字　2024 年 2 月北京第 1 版第 5 次印刷

购书咨询：010-64518888　　售后服务：010-64518899
网　　址：http://www.cip.com.cn
凡购买本书，如有缺损质量问题，本社销售中心负责调换。

定　　价：88.00 元

PREFACE

序

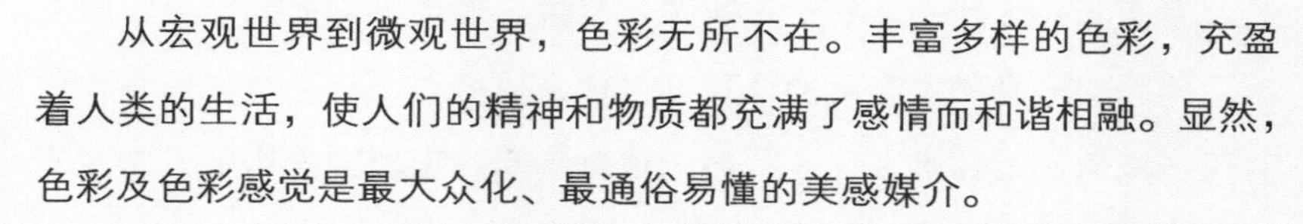

从宏观世界到微观世界，色彩无所不在。丰富多样的色彩，充盈着人类的生活，使人们的精神和物质都充满了感情而和谐相融。显然，色彩及色彩感觉是最大众化、最通俗易懂的美感媒介。

色彩作为一种学问，是在视觉领域对色彩现象和色彩应用进行理论研究的科学，是电磁波映射原理的应用，是一门光谱科学现象。色彩既是绘画艺术的基本语言，又是设计表现的重要元素。目前，从产品概念设计到产品包装设计，从服装、服饰设计到建筑装饰设计，色彩这一善变的精灵在人们生活的各个领域发挥着日益重要的作用。

由于形与色是客观物象和美的艺术形象的两个基本外貌要素，因此，色彩学的研究及应用便成为美术理论首要的、基本的课题。色彩学是跨学科的研究性课题，其研究的基础主要是光学，其次还涉及生理心理学、物理化学、美学与艺术理论等多门学科专业。因此它的产生与发展有赖于以光学为主的多学科的长足进展，而色彩学研究的成果又为这些学科提供材料，推动它们的深入探索。

以各种颜料体现的艺术色彩绘制和设计创造表现，则是人的主观感受与科学色彩知识的结合。雨后彩虹的红、橙、黄、绿、青、蓝、紫，仅仅是百万种颜色的区区小数，印刷C、M、Y、K基色呈现的色标和不同产品的色标体系，仍然是色彩应用研究中的现在进行时……五色迷离的色彩世界，虽然尽人皆知，尽人皆迷，但是人人都难以完全驾驭，也难以完美地运用在产品设计之中。

王毅的这本书稿，就是立足于解决色彩科学与色彩感觉、色彩知识与色彩应用等问题的有益尝试。

王毅在学术研究上勤奋努力，工作上胆正气足，处事和解决问题果断有力，具有不服输并敢于拼搏的精神。这本耗时数年、精心琢磨、深入思考、认真撰写的书稿，既是她做人精神的体现，也是她坚持理论联系实际，立足于从理论与实践、感性与理性等方面的结合中解决实际问题的一种学术态度的体现。目前，研究讨论色彩基本问题和色彩设计应用的书籍很多，这样的书很难编写，王毅迎难而上，实属不易而且令人佩服。

相信，王毅的这本书对设计艺术是开卷有益的可读之书，会受到师生的广泛欢迎。王毅请我写序，不能不写。但书的序言实在难写，区区数百字，仅作该书出版的赘言而已。

王家民

2015.5.14. 于西安曲江大风堂

CONTENTS

目录

第一部分

色彩设计基础

理解与创造

第一章
光与色

一　自然色彩

世间万物，无论是自然的还是人工的，都有各自的色彩。但当你处于黑暗，或闭上眼睛时，所有色彩就会削弱或消失在黑暗之中。有光才有色彩，色彩科学把光作为色彩之源。人类的眼睛在接触到物体反射的光刺激后，由视网膜将光信号传递到大脑中枢而形成的感觉叫色彩。牛顿做过一个实验——利用三棱镜分散太阳光，形成光谱。然而人类并不是可以感受到光谱中所有的光，只有波长在380～780nm的光才能被人眼察觉，我们把这些可察觉的光定义为可见光。虽然只有7种不同的颜色，但是人类视觉可以敏锐地觉察到可见光谱内十分细微的色彩变化，如图1-1所示。

图1-1　色彩变化

阳光下的物体能展现更为准确的自然色彩，如图1-2所示。光与黑暗交叠之际，色彩的丰富给人更多的遐想。人们用各种现代设备捕捉光影，其实就是在捕捉动态光影下无穷的光、物、人、境之间的色彩关系。例如阳光下的海天一色、夜幕降临前的夕阳红晕与海的深邃神秘给人的色彩感受。在微暗而狭长的美国印第安圣地羚羊谷里，光从造型万千的狭缝上端垂射谷中，创造出无比美轮美奂的型与色。无论是阳光下的色彩，还是光与黑暗交叠之际下的色彩，都会博得人们对自然色彩美的赞赏。对这些境况下的色彩美的认可其实也是人们内心对美的自然所向。人既倾向于光明下的社会生活，也希望在黑暗中能够梳理自己的私密生活，以求舒缓心态，放松自己。当明暗转换之际，人内心的两种向往更迭，这种变化如同自然界变换一样，极为自然。因此当黑暗中，一线光束从峡谷顶部射入时产生的色彩让人感到如此精美。

图1-2　阳光下的自然色彩

二 人工色彩

随着科技的发展，颜料的制作工艺提高，使得人们在自然界中所看到的色彩几乎都能够被生产出来。吃穿住行中的很多产品，都可以使用人工技术来满足人们对色彩的偏好。色彩技术的发展，使人工产品的色彩更加丰富，图1-3为学生用颜料在乒乓球上面画出的五彩图案。

图1-3 《设计色彩》学生作品

阳光下的色彩是丰富多彩的，但是黑暗会使所有的色彩失去美感，也会使人失去生活工作的可能。因此人们利用人工色彩光源使黑暗中的色彩重生。利用色彩科学技术对光进行分离，制作出彩色灯光，使产品在色光的照射下，更清晰，更美丽，如图1-4所示的灯光色彩。色彩光源技术成为城市装饰艺术和展示艺术的主要构成要素，如图1-5所示为色光融合的色彩美。

图1-4 展示灯光色彩

图1-5　色光融合的色彩美

第二章

色彩美

美是一种哲学范畴。人们在实际生活当中，对观察到的大量的美与不美的现象，经过思想的融会贯通，联系以往的经验，由此及彼、由表及里加以消化，就能得出一个普遍的规律，从而对美加以认知与判断，即审美。在人们长期对美认知的过程中，会形成一种审美意识，即人们主观意识对审美对象的指向性。这种审美意识从而进一步指导人们判断事物或者物品的美与不美。对色彩美来说，它的形成源于自然，源于人类生活进化的过程，更源于人们改善生活环境的过程。

一 色彩的形式美感

物体的结构是色彩形式美感的基础，但光线从不同角度照射到物体表面时，结构组合关系使反射光发生不同的层次变换，色调的饱和度也会随之发生改变。色彩与结构的形之间就成为不可分割且相互影响的耦合关系，无论是二维图形的形色之间、还是三维图形的形色之间。对人工造物来说，通过设计使人工物的着色符合人们对色彩美的需求。因而，色彩艺术设计要求各种色彩在空间位置上必须是有机的组合，并与物的结构有机结合，同时按照一定的法则，如比例关系、对比关系，以及有理有序的节奏关系，彼此相互联系、相互依存、衬托的相互呼应关系等，来构成和谐的色彩美，如图2-1所示。这些色彩形式美的法则，也主要来源于人们对自然美的判断和生活经验的积累、规律的总结。

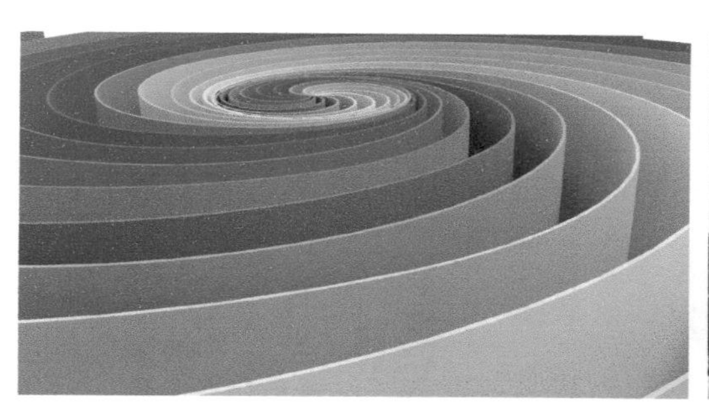

图2-1 色彩的形式美感

二 色彩美源于自然

我们当前生活在大量人工造物如汽车、房屋、家用电器等的环境里，这些物品有着丰富的色彩。然而在这些琳琅满目的人工色彩之前，色彩主要来源于自然界所存在的、天然的色彩——自然色彩。人工色彩美的来源是对自然事物颜色的美感，是伴随人们生活和改造生活的经验，有意识地对自然色彩进行模仿而得到的色彩。远古时代，人们将自然界中美的事物通过人工创造，展现在自己的器物上。中国的陶器就是典型的代表，先民用陶土本身的色彩作为底色，用木炭烧过的炭黑作为颜料勾画出各种纹样，例如旋纹彩陶尖底瓶（图2-2）、水波纹彩陶如（图2-3）、涡纹双耳四系彩陶罐（图2-4）。

图2-2 旋纹彩陶尖底瓶

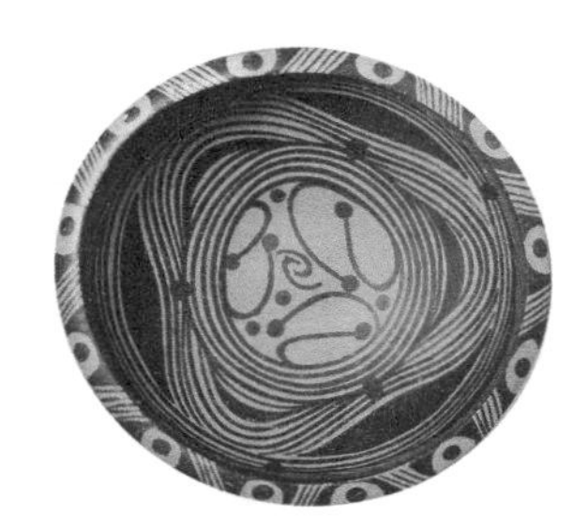

图2-3 水波纹彩陶如

图2-4 涡纹双耳四系彩陶罐

在《色彩的文化》一书中，作者爱娃·海勒阐述到，早期的色彩多来自自然界生物，如红色染料曾用一种叫“胭脂虫”的虱子卵和西洋茜草制成；蓝色则源自亚灌木、天青石等。由于这种染料完全出自大自然现有的物种，量少且难以采摘与生产，所以是一种昂贵的染料。直到化学工业的发展，染料生产的成本大大降低，品种逐渐丰富起来，才发展到今天五彩缤纷的色彩世界。

中国民族服饰中有许多像动物的尾巴或羽毛的“尾饰”，这种形态仿生设计与原始狩猎时模拟动植物的形态以达到伪装自己不被野兽发现和庆祝狩猎活动胜利的目的有关。而当这种形式能引起人们审美的快感时，尾饰及其色彩组合便被作为一种审美对象被保存了下来。如黎族某支系男子上衣尾缘留着的衣穗；布依族男女孩子旧时戴的“尾巴帽”；云南元江一带彝族妇女菱形的、绣有鲜红艳丽花朵、图案精美的“尾巴”尾饰等。这些服饰现象都是对自然物的投影和折射，记录着我国少数民族同胞对生活的理解和追求，如图2-5～图2-7所示。

图2-5　红腹锦鸡

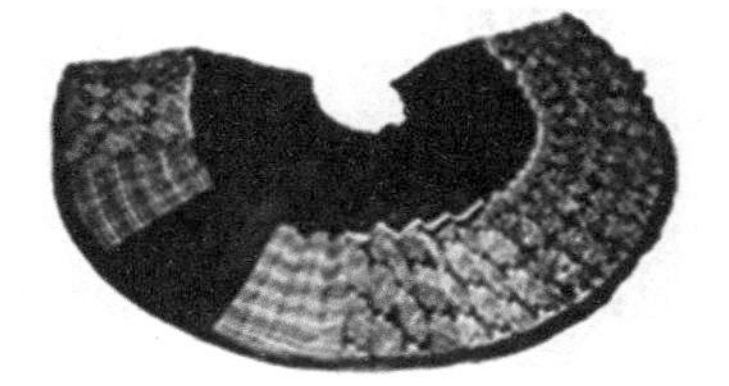

图2-6　苗族百褶裙

图2-7　百褶裙苏

现代产品设计领域，设计师的许多灵感来自对自然存在的仿造——“仿生”设计艺术，它是综合建立在人机工程学、心理学、材料学、机械学、色彩学、美学的多学科基础之上的，以自然界万事万物为基础的“形”“色”“音”“功能”“结构”等为研究对象，有选择地在设计过程中应用这些特征原理进行的设计，同时结合仿生学的研究成果，为设计提供新的思想、新的原理、新的方法和新的途径。产品的形态设计是在产品功能、结构、材料、色彩等综合基础上，对产品的形态进行设计，使产品本身作为一种“视觉语言和符号”，具有拟定的象征性、喻意和美感。色彩的仿照，不但使色彩科学技术得以快速发展，也使得我们使用的产品色彩跟自然界物种的色彩一样琳琅满目。

如图2-8所示滑板电动车仿生设计，运用仿生原理对昆虫多带天牛的生物形态进行分析和研究，利用借鉴、概括和提炼的方法对生物体进行仿生设计。其色彩仿生借鉴了多带天牛体表的纹理与色彩，把它抽象成几何形的纹理，色彩采用黑色与黄色交替出现，呈现出强烈的对比，具有警示性。

图2-8　滑板电动车仿生设计（杨剑威设计）

三 色彩美源于文化与生活

人们在长期生活中的审美活动伴随着人与自然不可分割的生活形态而形成的审美意识并不是孤立产生的，而是通过教育、环境、经验的逐渐积累而形成的。人们之间的审美意识，也会随着这些条件的不同而有很大的差异。即使对同一种事物，每个人的心理感应也是大不相同的。有些人对审美对象具有强烈的意识指向性，有些人却对此无动于衷，缺乏必要的热情。但是从整个社会的角度来观察，在一定时期和一定的环境中，人们的审美意识总是带有相对集中的倾向性。人们对物、行为方式、心理反应的倾向就形成了文化，文化的形成又反作用于人们所倾向的物、行为方式、心理反应，从而影响人们对美、对色彩美的认识（附录：色彩文化）。随着时代的变化，这种倾向性也在不断地变化。例如我国古代皇家专用的黄色、紫色的配色在今天依然有高贵之感。近代，在色彩的性别文化上，蓝色就被看作是男性的色彩，而红色则被看作是女性的色彩。由于儿童的生理特点，眼睛对光、色彩并不是很敏感，因此高纯度的色彩往往是儿童喜欢的，久而久之，高纯度的配色方案就成为了儿童产品的色彩文化。在现代设计中，设计师利用高纯度色彩关系作为儿童产品的色彩主流，如图2-9所示。

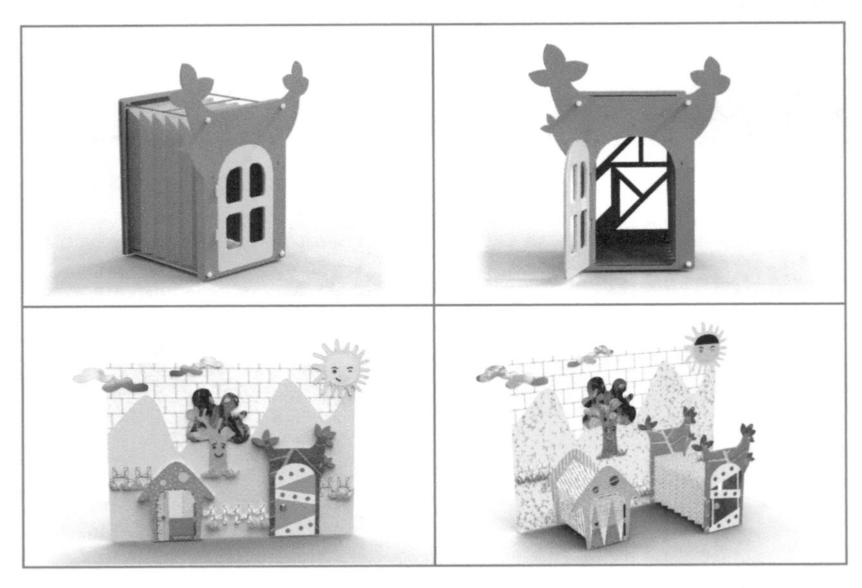

图2-9 儿童喜好的色彩（“上海大道”儿童轻质泡沫折叠房设计）

四 有彩色与无彩色的美感共存

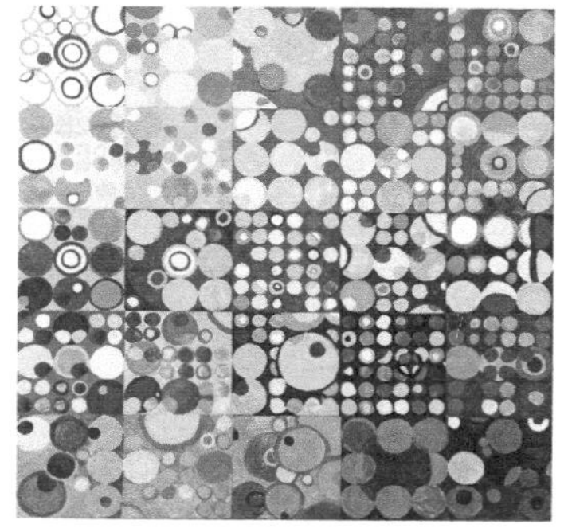

图2-10 “有彩色”与“无彩色”的美感共存

色彩可以分为“有彩色”和“无彩色”两类，如图2-10所示。“有彩色”从物理学的角度出发，包含可见光谱中的所有色彩，具有色相、明度和纯度三属性。色彩属性的变化，使得“有彩色”淋漓尽致地表现出色彩美，传达着丰富的情感和寓意。人们在选择物品色彩的同时，也无不时刻表达着自己倾向的个性色彩。“无彩色”是指白色、黑色、灰色这三种只具有明度这一属性的色彩。黑色给人感觉庄重、肃穆，有内敛之感。白色轻盈、明快，有发射之感。黑与白调和之后产生的各种灰色，中庸而平和。但是在设计当中，灰调的处理较为复杂。它能够由从浅至深的变化，满足设计对色彩层次的需求，既可以突出一些色彩，也可以让色彩更加丰富，更具装饰效果，是设计中常用的配色。因为当一种颜料混入白色后，会显得比较明亮；相反，混入黑色后就显得比较深暗；而加入黑与白混合的灰色时，则会推动原色彩的彩度。相对“有彩色”而言，“无彩色”没有明显的色相偏向，它们中的任何一色与有彩色当中的任何色配合都是调和的。也就是说，当两种不和谐的色彩之间夹入黑色或白色，重新构成的色彩组合会变得协调。因此，“无彩色”在色彩设计中，也常被定义为中性色。然而，太多的中性色彩组合，也会使设计色彩暗淡、单调、呆板。

除了灰、白、黑三种中性色彩外，具有金属感的金色、银色，也可称之为设计中的“无彩色”。由于本身的特有光泽以及金属的品质因素，金色、银色便传达了高贵、典雅、豪华之感。它们闪耀的亮度，成为设计色彩中最百搭的点缀色和装饰色。

第三章

设计色彩

设计色彩的目的是为了突出人工造物的色彩，满足人们对色彩美的需求。美的概念十分广泛，审美活动十分复杂，从设计色彩的角度讲，色彩审美是基于人的视觉、知觉，是关于物的形态、色彩、材质与肌理等基于使用、信息传达等并作用于人的心理的体验过程，是以工艺与技术的先进性等为物质基础的人文表现内容，具有情感、象征等一系列社会意义。

设计色彩的审美因素包含了两个层面。一方面，设计师通过艺术处理手法将自己的审美取向或倾向融入设计对象中，其目的是为了满足消费群体对色彩的审美需求，使消费者在获得产品使用功能的同时对产品的形、色产生美的感受，引起愉悦的心理反应。另一方面，消费者对设计色彩美的判断就是消费者层面的审美因素。色彩设计的成败与否，关键是看设计师自身的审美取向和表现能力的高低，以及是否符合大众审美取向，是否启发大众审美的新追求。这点是色彩创新设计关注的核心。

设计色彩，作为设计艺术，从美学意义上讲，这样的设计行为就是一种艺术设计的行为，一种按照美的规律去设计的行为。人类创造的物品，无论它是简单的还是复杂的，无论它是巨大的还是微小的，无论它是以使用为目的还是以经济为目的，只要它体现了人有目的有意识地选择和创造，并包含了某种艺术性的因素，它都或多或少地体现了某种审美的因素。

一　抽象设计艺术

对美的认识来自于生活经验和个人与自然的互动。最早第一笔颜色，一定是源于自然存在。人通过学习、实践、经验积累，便将对美的认识融入创造之中，虽然原始时期的艺术，更多的是源于自然较为具象的仿照，但从人们创造的第一步起便已经是抽象艺术的起源。

虽然“抽象”是一个外来词汇，但实际上抽象是人的劳动创造方式或者方法。中国先民使用的器物的艺术创作手法，便是由写实逐步转向抽象。马家窑文化写意的表现手法逐渐取代了写实的风格，由各种不同的线条组成，粗线、细线、齿状线、曲线经过刻意的组合勾画于器物上，形成对称和均衡、变化和统一。通过线条的各种不同组合，与圆点呼应，表达出漩涡纹。运用重复交错平行的方法展示网格纹等构成一幅幅精美的抽象纹饰。写意的手法完美写照了自然生活。

人们并不能完全仿造出自然存在的物，自然界的色彩是无穷的。人造的色彩总是有限的，唯有抽象才能区分艺术、设计与自然存在的不同。无论是原始社会，还是现代社会，抽象是一种人们表达世界的视觉方式，实现创造的途径。

“现代艺术之父”塞尚把现代主义艺术从具象带向了抽象，把自然世界抽象成圆柱、圆锥与球体三种最基本的形状，并促成后来立体派的诞生；蒙德里安在立体派的基础上衍生出富于鲜明个性的几何抽象艺术……1910年，俄罗斯抽象艺术家瓦西里·康定斯基创作的一幅名为“即兴”的抽象绘画被视为人类有史以来第一幅纯粹抽象的作品。具象的痕迹已经基本消失，这幅作品的色彩被抽象得唯有重叠色点。

约瑟夫·亚伯斯（1888年生于德国）是美国“绘画抽象以后的抽象”及“欧普艺术（Optical Art）”的先驱。探求形、色微妙的关系，形与形间、色和色间寻求系统、秩序、实验性、简洁的构成，形色之间的精确呼应与平衡。理性中，带有感性的意图，表现暖色与寒色、寒色与寒色相比邻所产生的聚散与前后推移的空间感。

工业、科技的发展把抽象主义推至巅峰，唯有对视觉抽象、高度精炼的简约才能够满足人们现有的生活情景。抽象贯穿了人类社会从手工业到机械化生产的整个过程，让现代艺术、设计艺术变得多样起来。抽象存在于设计的所有角落。设计当中，很难用清楚的界限区分具象艺术设计与抽象艺术设计，设计师往往会依据设计的细化特征定位来把握一种“度”——“抽象度”，以此对设计进行抽象化，只是抽象化的程度有所差异。抽象度小，设计元素或作品接近具象设计艺术，抽象度大，则其更趋于抽象设计，如图3-1所示。

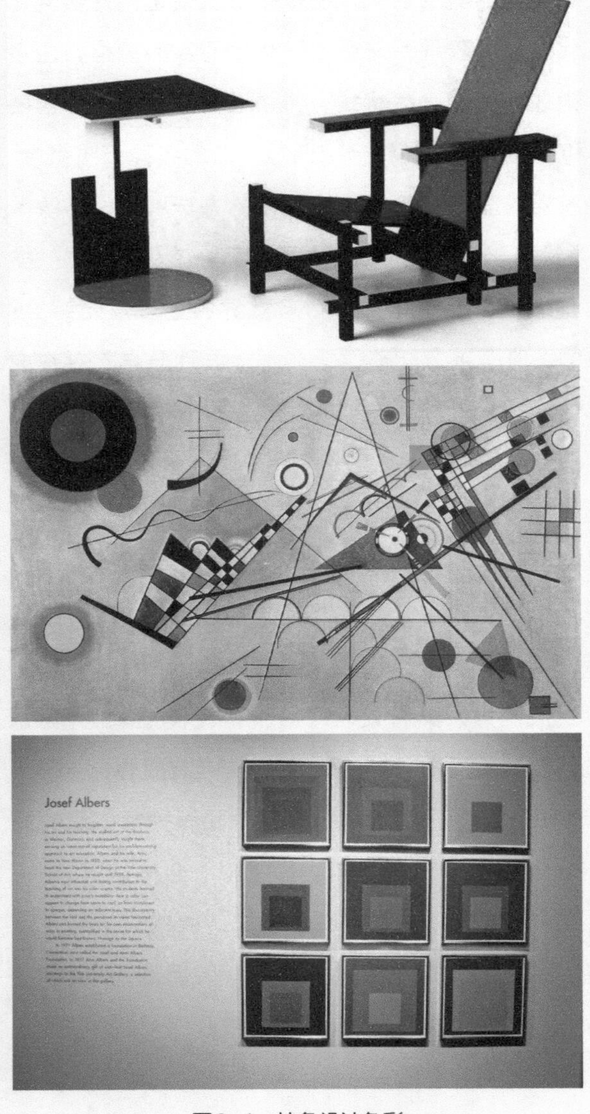

图3-1　抽象设计色彩

二 色彩文化与色彩情感

设计色彩不能脱离本地区的文化基础。康定斯基在所著的《论艺术的精神》(On the Spiritual in Art)中指出："色彩直接影响着精神"。色彩对人心理和生理的影响是客观存在的，而且同一色彩在不同的文化背景下的特定影响和意义也不尽相同，不同国家、民族由于传统、信仰等的不同，对颜色也有着不同的理解和偏好，这种偏好使颜色历经千百年的传承成为一种文化。如同爱娃·海勒在《色彩的文化》中的叙述"存在于不同文化中的不同生活方式决定了色彩效果的不同。在欧洲，绿色是风景中一道普通的色彩，而对于生活在荒漠中的民族而言，绿色却是天堂的颜色"。"形容英国人是'蓝色'的，意味着这是个多愁善感的人；而形容德国人是'蓝色'的，则表示这个人喝醉了"。

色彩是一种客观存在的物理现象，自身是不具备思想和情感的。但是色彩能够让人产生自然的、无意识的联想。因为，人们生活在一个充满色彩的世界，积累了很多色彩视觉经验。当外界的色彩刺激与我们的视觉经验产生共鸣时，就会使人们产生情感联想。例如，当红色草莓和绿色草莓同时放到面前时，人们都会选择红色草莓来吃，这就是色彩视觉经验的积累，让人联想到红色果实的甜美感，由此，红色便蕴含着成熟甜美的情感，有时也会象征甜美的爱情。绿色给人生机盎然的感受，红色给人热情和温暖的感受，紫色给人高贵华丽的感受，这些都是色彩情感传达的具体体现。但是对不同的地区，色彩作用到人的视觉与生理产生的情感也不尽相同。如果用颜色来形容春天，我国的南北方气候差距大，颜色也大不相同。

如图3-2，各国的"春之色彩"总是有浓郁的地域特点与文化蕴涵的。在产品色彩设计过程中，需要去迎合消费者的特殊情感，从而灵活地运用色彩的情感特性，设计出具有情感魅力的产品。不同的商品有不同的消费人群，面对不同的商品、不同的消费人群，既要创造出有魅力的商品视觉形象，又能选择出使消费者心理愉悦的色彩，是设计对色彩选择的特殊要求。

春天在中国
•繁荣
•柳树发芽
•崭新的氛围
春天在印度
•万寿菊
•胡里节
•新的开始
春天在土耳其
•新鲜
•微风
•雏菊

图3-2　亚洲国家“春之色彩”

设计案例 永远不可忽视的色彩文化——当中国文化撞上德国文化

陕西省黄陵县韩塬村农家乐宣传设计

韩塬村位于陕西北部黄陵县，根据设计任务，进行实地调研，访谈，收集灵感、收集素材、完成文案、语言提炼，设计，设计评估和后期印刷服务。

设计方案初步形成后，笔者接受了来自德国的专家马西尔斯的评审，他将负责设计之后的印刷顾问工作。在德国，设计和印刷通常由不同的公司承担，由一个公司来完成，是不被允许的。当马西尔斯看到最初的方案时，第一眼就直言不讳地说“No red”。他说，红色意味着鲜血、战争、激烈，不能用。而绿色由于其中性的属性，并没有引起他的注意。此时，在中国工作5年以上的项目负责人Jack说，红色在中国是喜庆、吉祥的色彩，是受欢迎的色彩，而黄陵县这个地方曾经是中国革命的发源地，红色是很适合的色彩。尽管如此，马西尔斯依然不能接受红色方案，但也摈弃了自己提出的蓝色方案。于是，象征柏树苍绿的绿色方案顺利通过。当确定了绿色之后，马尔西斯又让笔者在海报设计上增添了一道绿色，以保证整体色彩的一致性。

色彩提炼

在陕西黄陵韩塬村，有一棵奇特的树，从下面看是一棵树，从上面看却是两棵树，一半是柏树，一半是枣树，村里人亲切地称它为“柏抱枣”。

“柏抱枣”高约6~7米，由大小9条根系组成，相互缠绕在一起生长，枝繁叶茂，郁郁葱葱。据村里年长的人介绍，这棵树大约有四、五百年的历史。相传是古时，一个将军经过此地，吃完一棵枣后，顺手将枣核扔在一棵柏树上，从此就有了这棵奇特的“柏抱枣”。

在黄陵人的眼里，这棵树不仅外形长得奇特，更有一种神奇力量，是保佑全村人幸福平安的一棵“神”树。由于这棵树是柏树和枣树相互生长在一起，村里的年轻人结婚后，都来到这棵树下，祈求百（柏）年好合、早（枣）生贵子。村里人谁家要是有什么不顺心的事，到树上摸一摸，就会有好的运气。这只是一些传说和人们心里美好的愿望，可这些年，黄陵人的生活确实发生着巨大变化，环境改善了，人们富裕了，成了远近闻名的黄陵“农家乐”。

由于年代久远，“柏抱枣”有些倾斜，村里人就用一根柱子将它撑起来，村里人说，撑起这棵树，就是撑起全村人的生活和希望。

特别注释：

红色，德国认为代表着血腥，激烈。中国认为代表着幸福，欢快，吉祥，还能让人联想到中国革命。

色彩方案一 红色加黄色

红色语意：陕北革命根据地，幸福吉祥

黄色语意：黄土高坡，炎黄子孙

色彩方案二 / 绿色加黄色

绿色语意：黄帝陵苍郁柏树，绿色农业

黄色语意：黄土高坡，炎黄子孙

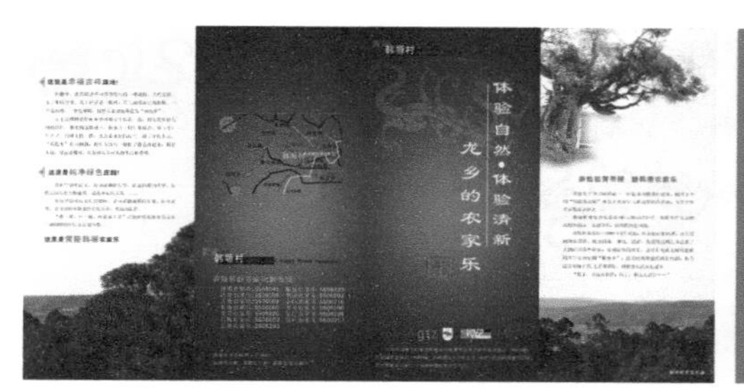

三 色彩形象

色彩形象是指通过色彩的搭配组合能够引起人内心的情感共鸣，产生联想的视觉形象和可以感知到的视觉形象。例如当中国传统节日春节到来之际，各大商店里就会用中国红来装饰购物环境，塑造喜庆、吉祥的形象。这种色彩形象对中国人来说，是一种普遍的情感。同样，男性色彩、女性色彩、婴儿色彩以及儿童色彩形象都可以清楚地从色彩中感受。色彩形象与设计目标的结合，能够传递语言之外的情感信息，使“视觉”语言在色彩的衬托下，更深刻地传达语意。这些色彩形象都是建立在色彩情感普遍认知的共性基础上的。

虽然建立在色彩情感基础上的设计色彩组合可以迅速地形成色彩形象，但是，商业中的色彩形象设计的目的是给用户产生相对稳定的、易识别的形象，为实现品牌独树一帜的风格而发挥作用。个性的、新颖的、独特的色彩形象被广泛应用到各种视觉设计领域。因此色彩形象的设计手法灵活多变，且与设计主体本身的特征结合得也更为紧密。这点和传统色彩形象的共性特征有所不同，例如个人的色彩形象、企业的VI色彩、产品色彩、广告色彩等都会以色彩塑造出一种独特的形象，方便大家识别与记忆。

产品形象（PI，Product Image，Product Identity）（图3-3），指产品的综合外观，包括产品的几何形态、色彩、材料、人机界面、品牌LOGO图形等，如图3-4所示各种椅子的形象，通过外观的综合表现，塑造了各不相同的形象。产品形象除了外观外，还会通过产品的包装、展示、广告、标志、网站、建筑、营销、服务等进一步传达企业理念、精神、愿景、文化以及品牌的观念，并建立信誉等理念层面的内容。其中，色彩是产品形象中最为重要的视觉要素之一。以色彩形象（Color Image）塑造产品的形象，通过色彩情感与意象，更能给消费者传达产品形象内在的信息。

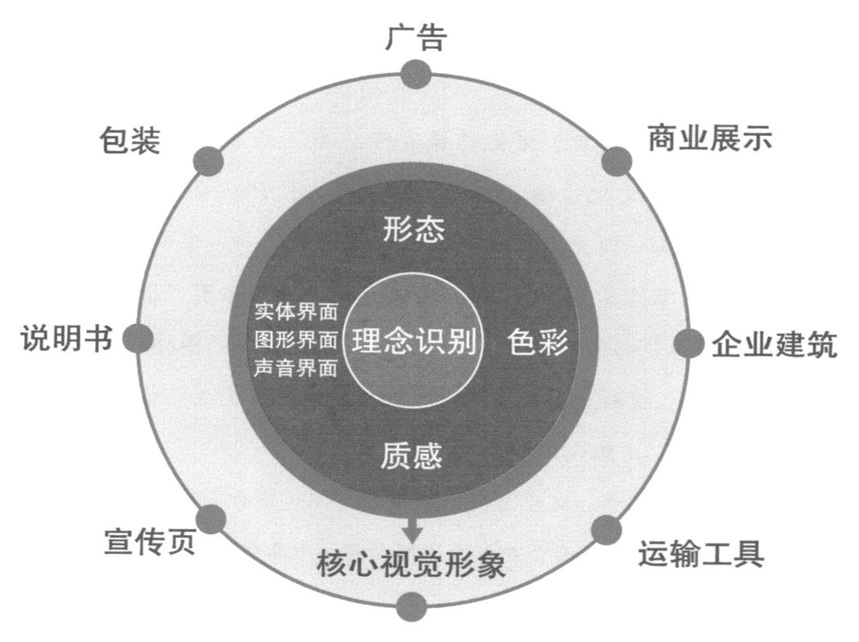

图3-3　产品视觉形象构成

产品色彩形象设计作为产品视觉形象设计的重要组成部分，不仅仅是产品颜色的物化表现，更重要的是将其所附带的信息传达给消费者，塑造出产品的品质文化特征，让人们对产品形成一种综合、立体的认识和印象之后，加强对品牌的记忆，提高人们对该产品品牌的忠实度，是当前产品色彩设计的主流趋势，如图3-5所示飞利浦小家电。

图3-4　椅子的产品核心视觉形象

设计案例 色彩意象塑造的品牌形象——“鼎真龙华”标志设计

“鼎真龙华（北京）文化传媒有限公司”从事与文化相关的营销、创意设计、文化传播等经营。公司标志设计从企业名称的字义出发，“鼎”——顶天立地，一言九鼎；“真”——真实诚信，“龙华”则寓意中华昌盛。因此标志的形态元素主要提炼于“鼎”的形态，“真”“龙”“华”的拼音字母Z、L、H，并采用祥云的图样进一步提升中国文化风格，且祥云图样及构成字母H的横杠又构成字母Z、L中的笔画，同时，Z、L组合，抽象成“龙”图腾。

标志的形态元素、文化寓意已经确立，但是作为一家立足中国文化的现代企业，消费者或者企业自身会倾向哪一个品牌的色彩形象呢？

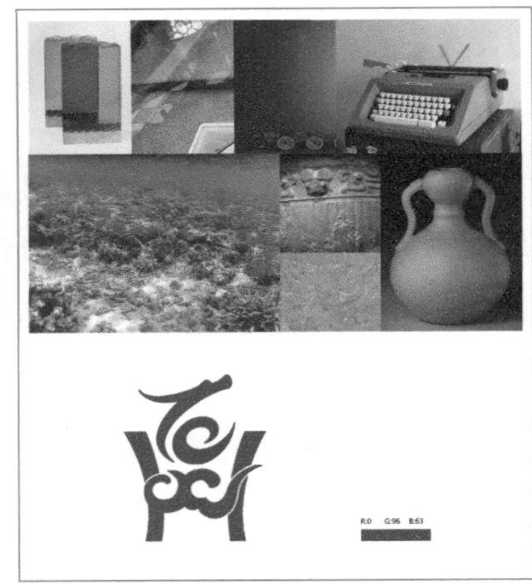

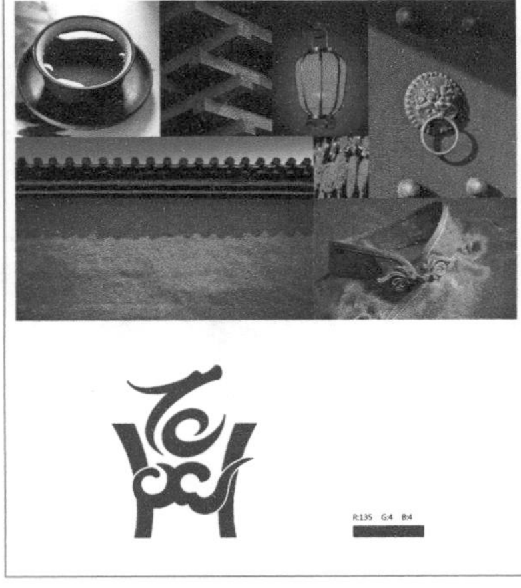

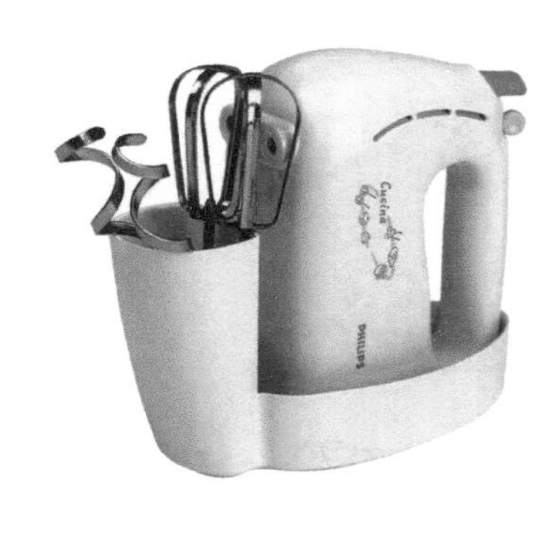

图3-5　飞利浦小家电

四　色彩营销

色彩是产品视觉设计的第一要素，好的产品色彩设计不但能够吸引消费者的目光，而且还能在展现产品设计艺术的同时，将设计师的情感通过色彩更为有效地传达给消费者，增强消费者对产品乃至产品品牌的深刻印象。美国流行色彩研究中心的一项调查表明，人们在挑选商品的时候存在一个“7秒定律”：面对琳琅满目的商品，人们只需7秒钟就可以确定对这些商品是否感兴趣。在这短暂而关键的7秒钟内，色彩的作用占到67%，成为决定人们对商品好恶的重要因素。由此，在20世纪80年代，根据色彩对消费者的心理作用影响，美国的卡洛尔·杰克逊女士在企业营销实践中提炼和总结出来的“色彩营销”越来越受到重视。伴随色彩营销理论的完善与企业的认可，色彩营销也逐渐由美容美发、化妆品、服饰等行业延伸到了与设计色彩相关的各个领域，如商品橱窗设计、商品陈列设计、产品设计、包装设计、企业品牌形象、广告宣传、城市色彩规划等方面，同时也成为企业营销管理中，获取竞争优势的策略之一。

如图3-6所示，PENTAX 2009年推出变焦数码单反相机PENTAX K-r色彩预订，即机身除白色、黑色、玫红基本色之外还准备了紫色、蓝色、绿色、黄色、红色、宝蓝色、金色、银色、灰色9种颜色，共计12种颜色。机体前端颜色准备了白色、玫红、黑色等10种缤纷颜色，组合搭配后共120种色彩搭配供客户挑选预订。同时发布的变焦数码相机PENTAX K-x也同样实施共计100种颜色选择的“PENTAX K-x 100colors,100styles”预订服务。但该服务很快就结束了，之后只出售3种基本颜色（白色、黑色、红色）。这种营销方式是一种典型的色彩营销，极为显著地塑造了PENTAX与众不同的差异化服务、差异化形象，也成为日本消费者偏爱色彩的“符号”。

图3-6 PENTAX K-x变焦数码单反相机

五 色彩美之上的功能设计

在设计中，色彩的功能之一就是美化设计物。无论是平面广告、还是产品色彩的设计，兼具装饰性功能。对产品色彩设计来说，装饰性功能主要是利用不同的色彩搭配，呈现不同的感受，使设计作品产生美感，满足不同人群对色彩美的审美需求。而在色彩美之上，色彩还起着传达功能，如“醒目”或“警告”等提示性功能。局部采用醒目的色彩，引导人们操作方便，以及有意引起人们注意；主体设计采用醒目色彩，视觉印象深刻，在与环境色彩形成鲜明对比之后，能够起到明示作用。警告色彩带有习惯性和常识性，设计时一般不做改动，如消防器材的红色。如图3-7所示缺一条腿的由聚酯树脂制成的白色凳子，以及用磁铁固定在凳子上的绿色鞋拔；深灰色车体，车轮前端橙色侧灯，以色彩结合形态对功能进行暗示，既起到了装饰功能，使得车体暗淡的色彩增加了动感，也具有提醒功能。除了显性信息传达外，设计色彩也会传达作品或产品的风格、品质以及意象等需要用户根据经验、文化、政治背景解读或感知的隐性信息，从而加深用户对作品或产品的印象。所以，色彩传达功能是色彩设计的重要表现目标。

图3-7　色彩装饰美与醒目功能结合

六　设计色彩先锋

现实设计中，走色彩创新的大品牌很多，国外的Sony、三星、LG、佳能数码相机等，国内的海尔、美的、格力等都可以称为设计色彩先锋。但是当“苹果”作为各种各样的设计案例被一次次地应用在著作、报告、教材当中时，设计者知道，苹果在成为超热话题的同时也毫无疑问地成为设计先锋之首（图3-8～图3-10）。

图3-8　苹果旗舰店色彩设计

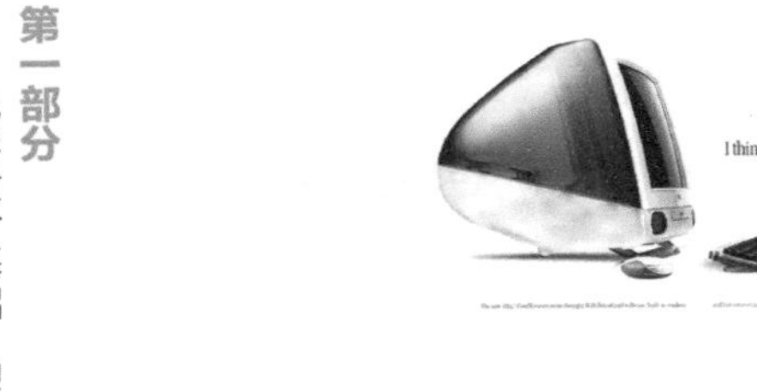

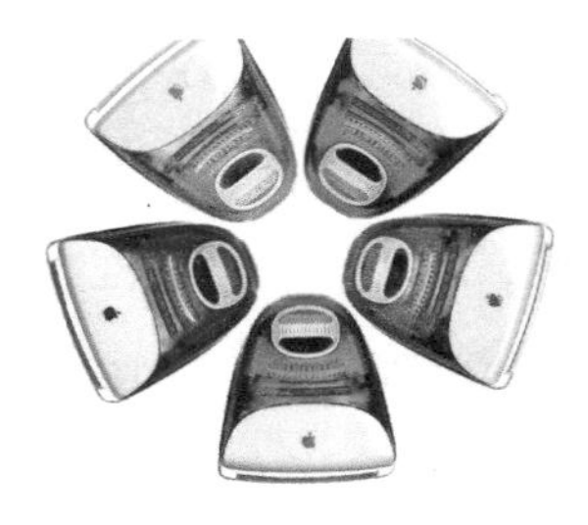

图3-9 苹果IMac

图3-10 苹果手机

作为一个色彩设计工作者，笔者一直对色彩保持着极为敏锐的感知。2000年，笔者在青岛无意漫步到一家电脑销售门店时，看到了彩色透明机壳的苹果iMac。也许是当时产品流通、信息交流并不如今天这样的速度，1998年问世的苹果iMAC还没有在国内产生重大的影响。笔者在看到它的第一眼时意识到，当时灰突突的计算机设计和制造将被掀起色彩的波澜。不能不说，人的色彩审美疲劳是一定存在的，当新色彩涌现时，过去的色彩感觉依旧会作用到对新产品色彩的选择上，摆脱那些传统、平淡无奇的色彩作用是一个渐进的过程。如果让笔者立刻在这几款iMAC中选择，在大胆尝试新色的欲望之后还是会做出决定：蓝色。

为什么“先锋”的色彩设计中会有蓝色，为什么“保守”的设计中也会有蓝色？本书将在后面给出解答。

第四章 色彩设计构成艺术

一 构成艺术

构成艺术起源于德国包豪斯设计学校，包含平面构成、色彩构成和立体构成，如图4-1～图4-3所示。这三大构成对设计类人才的基础能力培养的各方面都起了重要的作用。

20世纪20～30年代，苏联构成主义、荷兰风格派、德国包豪斯设计学院对构成艺术的发展起到了巨大的促进作用。他们倡导创造与开拓的精神，彻底摒弃从具象形态中提取造型主题与构成元素，而从造型的关系出发，探索纯粹几何形态的构成性，倡导以感觉性、自由性、均衡性的方法创作作品。它们的成就直接影响了建筑、产品、平面设计等。而包豪斯设计学院的设计理念与设计教育体系则是影响了整个构成艺术与工业设计的发展进程。在包豪斯“必须面向工艺”以及“必须把想象丰富的设想同技术上的精通结合起来”的理念影响下，将“构成”纳入了设计教育中，构成艺术逐渐走向了构成设计。在艺术走向设计的过程中包豪斯起到了相当大的推动作用，也推动了现代设计事业的发展，而且对现代设计教育体系的发展也起到了相当重要的作用。现代设计教育基础课——平面构成、色彩构成和立体构成至今仍是设计教育的支柱。

到了20世纪60～70年代，构成艺术已经趋于成熟。在追求纯粹视觉形式创造的同时，能够与设计结合在一起，借助数理结构，运用逻辑程序，开发新的构成形式，使构成艺术产生新的生命力，也成为设计艺术能力培养的基础。

中国在20世纪80年代前后建立设计类院校时，所采用的设计基础培养，也是以三大构成为主的。虽然在近几年的发展中，人们发现，无法将色彩、形态绝对地分割开来进行设计，越来越多的设计基础课程采用二维设计、三维设计，但其中的设计基础理论仍然源自三大构成。其中，色彩构成中的色彩知识，是二者之间不可或缺的知识。

1. 平面构成（图4-1）

图4-1　平面构成

2. 色彩构成（图4-2）

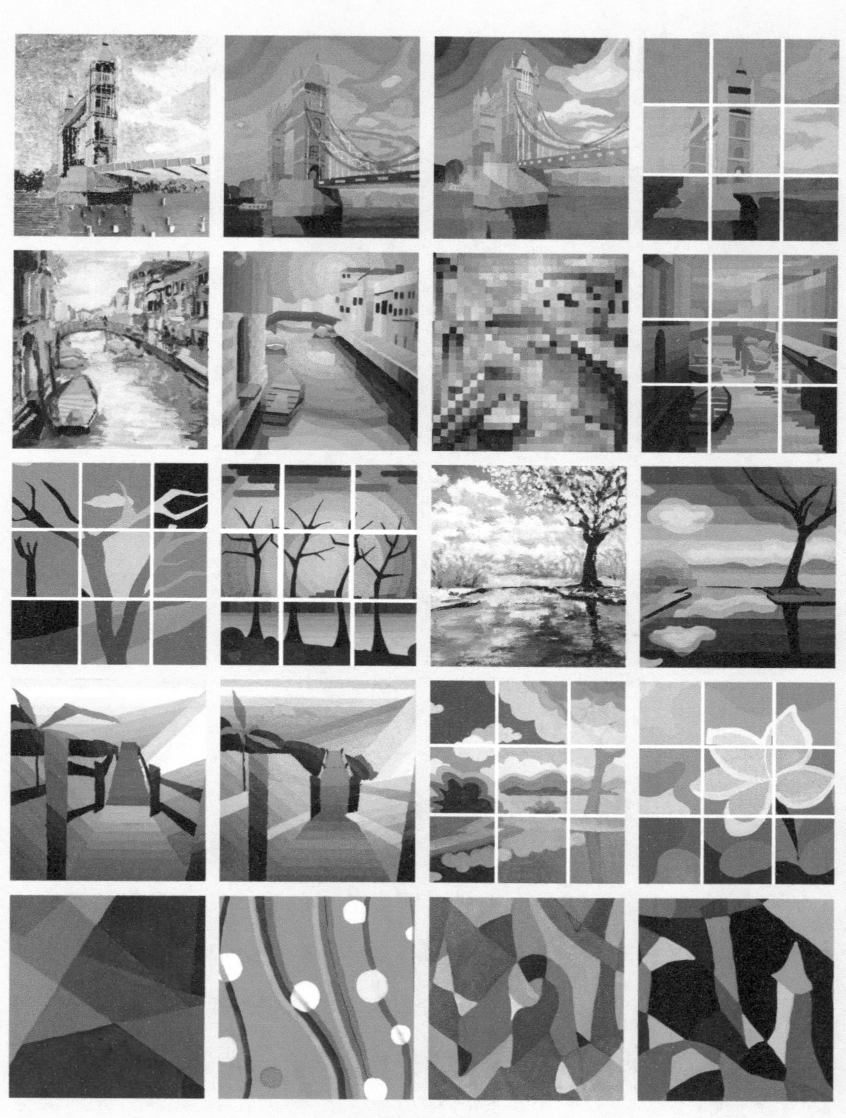

图4-2　色彩构成

3. 立体构成（图4-3）

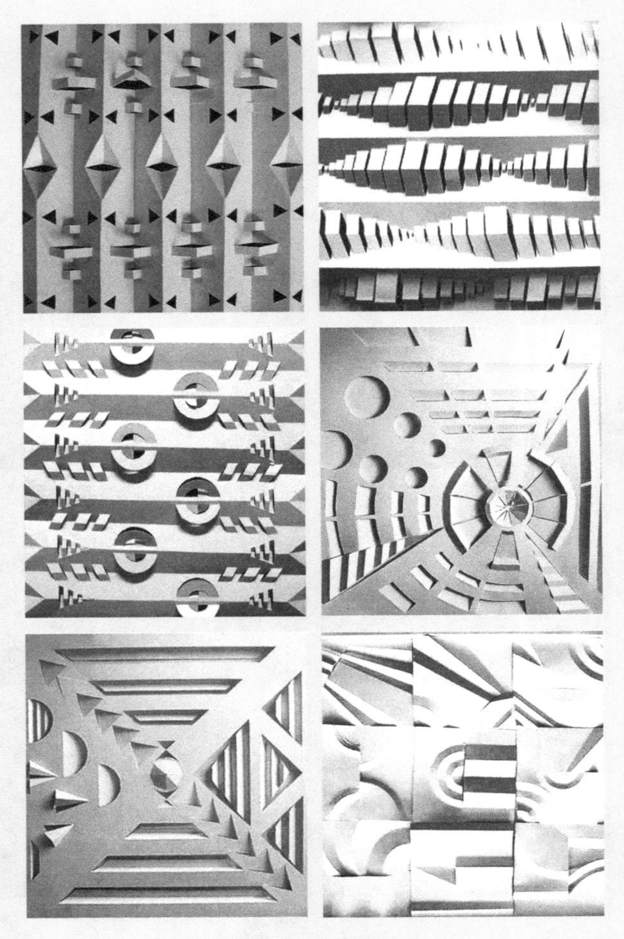

图4-3 立体构成

二 由色彩构成艺术到色彩设计

色彩构成主要是在平面上通过研究色彩的规律来提高色彩搭配的能力。进一步来说，色彩构成是从人对色彩的知觉和心理效应出发，利用科学原理分析艺术与形式美结合的方法，把复杂的色彩现象还原成基本要素后再进行创造，得到新的色彩效果。因此它能够培养色彩的审美与创造能力，丰富色彩设计思维。在掌握色彩构成的基础理论的基础上，灵活运用色彩理论达到“色彩设计”的提升，也是由色彩构成艺术成功走到色彩设计的桥梁。

1. 色彩形式美感表现（图4-4～图4-9）

图4-4　明度对比

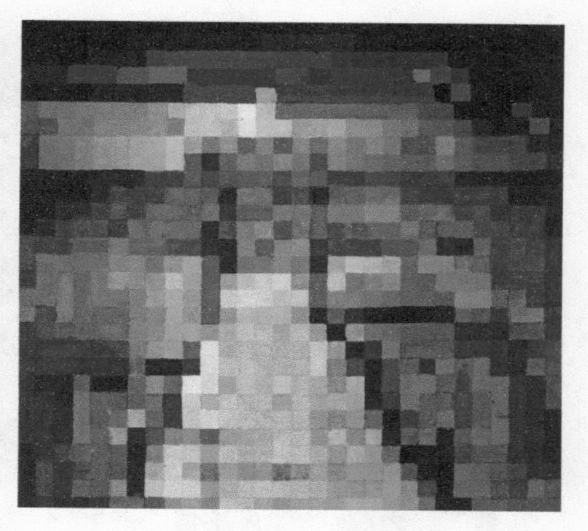

图4-5　色彩空间混合

图4-6　色彩推移、色彩冷暖

图4-7　材质纹理对比

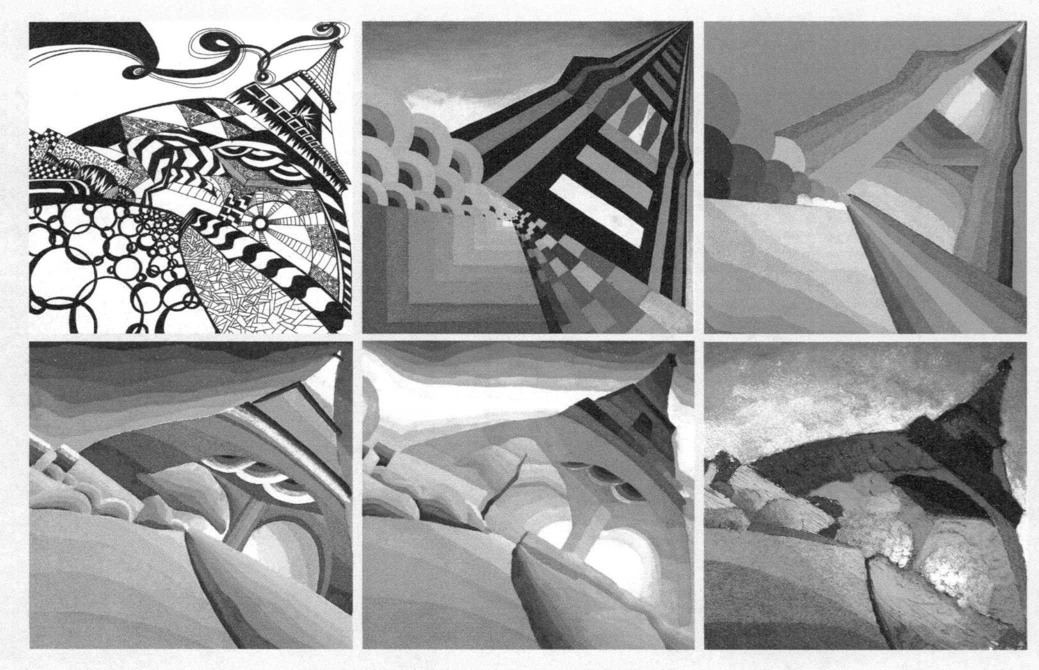

图4-8 色彩形式美感（《设计色彩》学生作品）

图4-9 色彩形式美感（《设计色彩》学生作品）

图4-10为《设计色彩》课程的学生作品。学生根据景物摆放，自选角度，进行基本元素的构图、组合，并利用色彩的文化、联想、分解、转移、对比、调和等色彩构成知识进行综合表现。可以看出，在相同元素的基础上，学生完成了形式个样、风格迥异的设计色彩作品。

图4-10 色彩构成综合表现（《设计色彩》学生作品，指导：王毅）

2.色彩构成的形式美法则与色彩设计应用

色彩构成是进行色彩设计的基础。色彩构成主要是解决了色彩"美"的感觉与形成的科学问题，色彩设计是色彩知识的设计实践运用，因此色彩设计不仅不能脱离形体、空间、位置、面积、肌理等色彩构成要素，而且还要受到社会、经济、市场、材料、工艺流程、技术以及受众消费心理等因素的影响。色彩设计不再是简单的自由的艺术创造，而是具有很强针对性、专业性和社会属性的设计创造。因此，色彩设计不能停留在构成阶段的自我欣赏，而是要搭建起从设计到产业之间的桥梁，承担起服务大众的责任。也就是说色彩设计是从“色彩构成”到“色彩设计商业运用”的升华和拓展。依据色彩原理进行配色，利用形式美的基本法则完成整体色彩的调整，创造印象深刻的色彩视觉效果，是色彩形式美感的表现。

（1）色彩表现基础——色相、明度、纯度与色调 最基本的色彩是三原色“红、黄、蓝”，常用的色彩多为24色色相环的色彩。色环中偏向红、黄、橙的色彩给人温暖、活跃的感觉；偏向蓝色、紫色的色彩给人清凉、冷静的感觉；而绿色，则是一种比较中性的色彩感觉。利用与24色色相环中的近似色相配色，色彩感觉饱满且清晰，如图4-11所示。

使用效果

色彩方案

图4-11 磁吸式可夹纸笔帽设计

白色是最明亮的色彩，黑色是最暗淡的色彩。从白色到黑色，中间过渡的色彩为灰色系。任何色彩，自身具有不同的明度。明亮的色彩给人以轻快的感觉，暗淡的色彩给人以沉重的感觉。在设计中，利用明度对比会产生不同的配色效果，如图4-12所示。

图4-12　黑白灰中性色配色

利用色相的明度、纯度关系，塑造产品多彩风格特征，如图4-13所示的桌椅及图4-14所示的净水器面板，高明度的色彩，塑造了产品清新淡雅的风格；纯度的不同，即便是相同的色彩，也可以使产品风格表现出差异的个性特征。

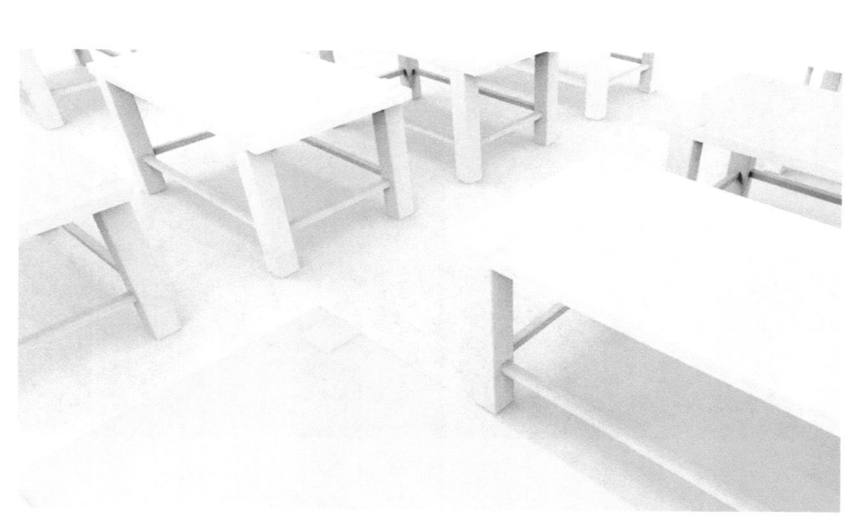

图4-13　提高明度的配色

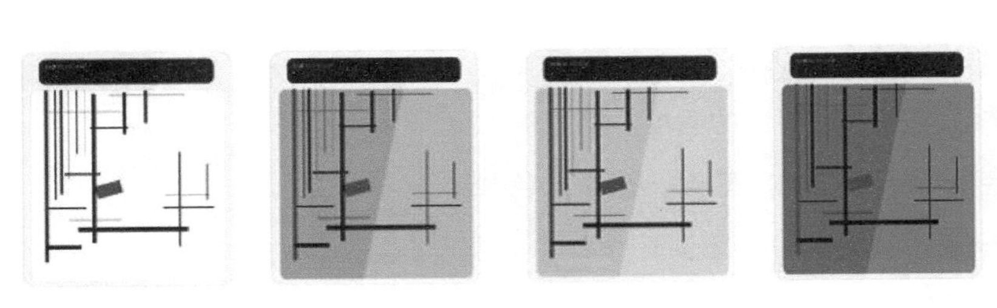

图4-14 降低纯度的产品配色

纯度是色彩的鲜艳程度，明度是色彩的明暗程度，而色调则是一幅作品色彩外观的基本倾向，是在明度、纯度、色相的基本属性基础上，使纯度和明度交叉所形成的色块组合作用于人的一种综合感觉（图4-15）。色调是色彩设计把握的关键尺度，强调色彩给人创造的综合感觉和氛围，例如这种倾向给人产生偏冷的感觉还是偏暖的感觉等。通常，色调多以冷色调、暖色调、中性色调来划分，这种划分也是多依靠人对色彩的感知。比如象征太阳、火焰的红色、橙色、黄色为暖色调；而象征着湖泊、大海、蓝天的蓝色则为冷色调。介于暖色和冷色之间的绿、紫色系以及中性色黑、白等被定义为中间色调。如图

图4-15 色调

4-16所示的相同画面，色调不同而作用于人的感觉不同。但是色调的冷暖划分是相对而言的，如图4-16所示。如同样处在暖色调空间，柠檬黄则偏冷，淡黄则偏暖。而把柠檬黄放到蓝色系列中，则又明显地“偏暖”。黑色是中间色调，也会因为其中红色、蓝色的比例，表现出“暖黑”还是“冷黑”，同样中间色调的灰色，也会出现“暖灰”“冷灰”，如图4-17所示。在产品设计当中，根据产品设计目标的定位，结合色彩的情感，巧妙地把握产品色彩的冷暖色调，使之保持冷静、清新或激情、欢快，如案例“火灾警报器包装设计”利用了色彩组合的冷暖色调来强化产品的特色。

图4-16　设计色彩中的冷暖色调

图4-17　设计色彩中的冷暖色调的相对性

设计案例 色彩功能——火灾警报器包装设计

火灾警报器包装设计

——以产品功能为出发点的色彩语意传达——

生活中我们常用的火灾警报器有两种。一种是感温警报器，火灾时可燃物燃烧会产生大量的热量，使周围温度发生变化，从而引起感温探测器在温度变化时作出响应。第二种是感烟警报器，它是通过监测烟雾的浓度来实现火灾防范的。

在包装设计时通过色彩来划分产品，色彩语意的准确传达可以更加清晰地表达出产品的功能特点。

感温警报器，当温度达到设计临界值时做出响应，跟火有关。火传达出来的色彩信号是暖色，红色或橙色。

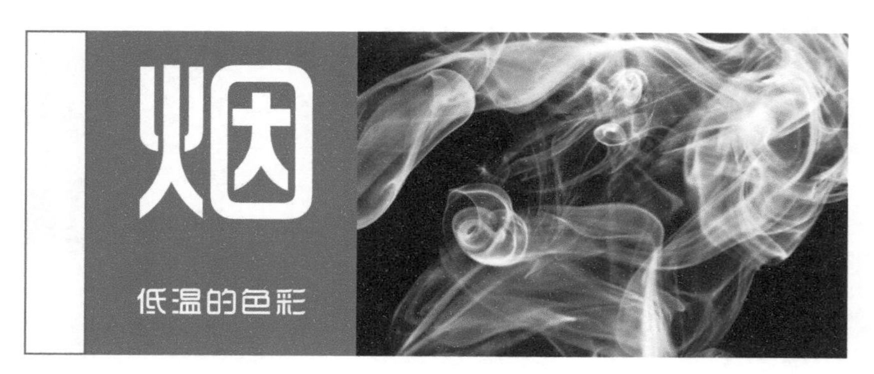

感烟警报器是根据烟雾浓度的大小来做出响应的，跟烟有关。烟传达出来的色彩信号是冷色，蓝色或白色。

方案一

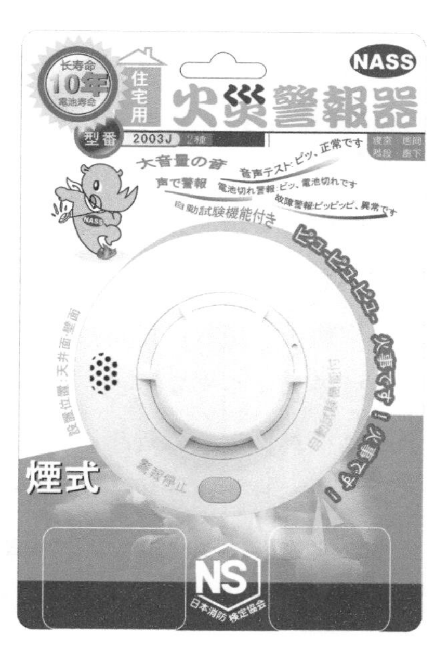

方案二

与上述突出火的强烈之感的暖橙色系和烟的冷色系方案相反的设计当中，添加白色，在视觉形象上，显然弱化了“火灾”的那种刺激感。其与众不同的清新色彩感，也同样能让人眼前一亮（方案三）。

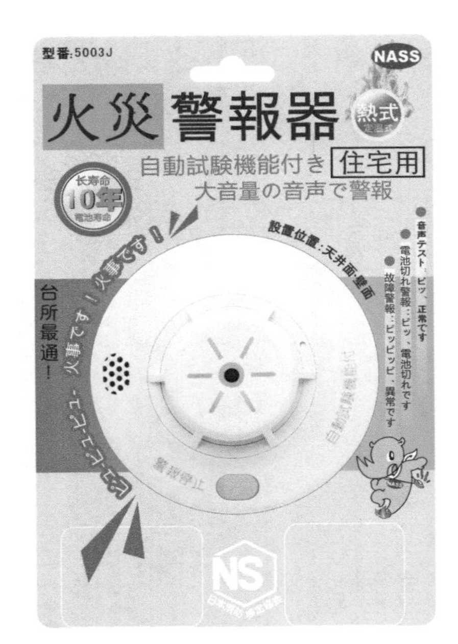

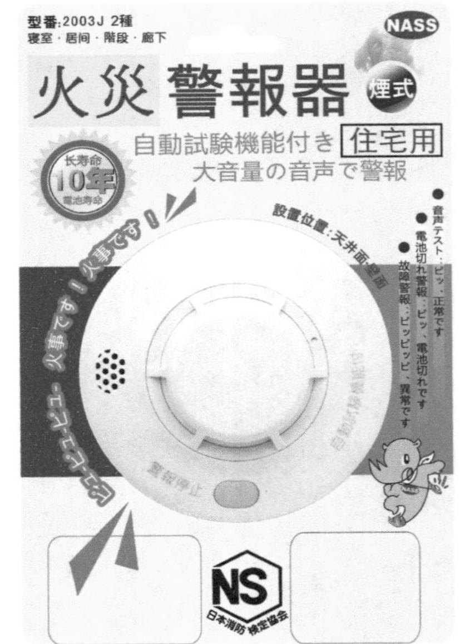

方案三

（2）色彩均衡　“对称的形式”结合“对称的色彩”创造出极其均衡的色彩，给人沉着、稳重、严谨、安定、肃静的感觉，但也会让人产生乏味、平淡、单调、呆板、缺少活力等过于稳定的印象。为了克服中规中矩的完全对称的不足，也为了满足多数情况下形式非对称的色彩表现，常用色彩均衡来实现色彩的平衡感。如杠杆原理，均衡是利用异形同量、等量不等形的状态及色彩的强弱、轻重等性质差异关系来实现的，虽然形状非对称、色彩非对称，但视觉上却是相对稳定的表现手法。均衡色彩的效果产生是基于非对称的形式，因而其在视觉平衡的同时不乏活泼、俏皮、运动、自由、多姿多彩的效果，受到多数人的偏爱，如图4-18所示是产品色彩设计普遍采用的方式与表现手法，尽管“大型”是对称的形态，但从形态细节以及色彩设计上采用局部的不对称，使产品呈现生动活跃的感觉。

打破色彩均衡的构成形式，也就打破了稳定的感觉，这样的色彩构成形式往往塑造出超动感的特征，新颖独特，也是满足目前市场个性化需求的艺术形式之一。

综合色彩均衡与不均衡的形式表现，在实际设计操作时，还应紧密结合设计目标的特征，谨慎把握色彩的平衡度，以最大限度地满足多方需求。

图4-18　色彩对称与非对称

（3）色彩韵律　在平面设计中，可以用图形元素的强弱、长短、大小、疏密等重复、有规律的变化来让人从视觉上产生韵律的感觉。视觉“韵律”的产生让人在心理上产生欢快的、有节奏的动感和美感。这种形式法则作用到色彩上，就是通过色彩的聚散、重叠、反复、强弱变化等，形成乐动的规律，让人感受到色彩的“节奏、韵律”。如图4-19所示，色彩因为与点、线、面等单位形态结合，重复出现而体现出的“重复性节奏”感。秩序井然的黑白相间变化产生秩序的节奏感，也会因为色彩椅子隔三差五地出现在以白色为多数的椅子当中，随机的色彩层叠出现，虽不具备规律性，但也如同自然界中风雨声一样，产生“随机的韵律感”。“渐变性节奏”有色相、明度、纯度、冷暖、补色、面积、综合等多种色彩推移形式。

作为艺术，当画面或作品产生美感的时候，即便是没有规律的变化或者是多种规律组合，也能产生美的韵律，这种韵律虽然复杂，其色彩丰富，层次感强，形式不拘一格，但需要谨慎处理，以免杂乱无章。所以，色彩韵律更是抽象的一种形式美。

图4-19 色彩韵律

（4）色彩的层次 把握色彩层次的关键技术在于确定色彩的“主从”关系，即主要颜色和从属颜色。主色，不一定要大面积存在，需要通过与附属色彩的对比而显现其重要的地位，成为吸引顾客视觉的核心力量、色彩信息承载与传达的关键要素。确定色彩主从关系后，则可以通过色彩层次来实现其核心价值。

色彩的层次感也应充分考虑色彩的视觉经验，如色彩的进退感，如图4-20所示。色彩可以给人前进或者后退的感觉，这种感觉与色相、明度、纯度均有关。寒冷的颜色和暗沉的颜色常常给人一种后退的感觉；而温暖的色彩和明亮的色彩常常给人一种前进的感觉。从纯度上来看：偏暖的色彩，在纯度越高的情况下越给人一种靠近的感

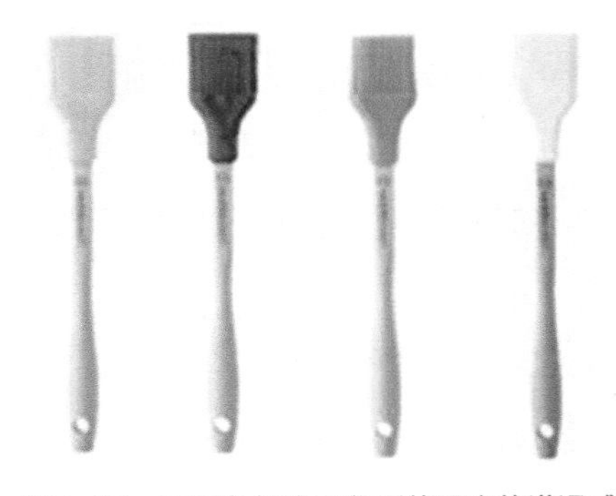

图4-20 不同色相产品色彩体现出的进退感

觉；进而推之，偏冷的色彩在纯度越高时，则会给人一种推远的感觉。一些商家为了能在琳琅满目的货架上使自己的产品更显眼、突出，往往在系列产品的色彩上加入了黄色款或红色款的产品，虽然黄色系的产品并不一定受消费者的欢迎，但却为吸引消费者的眼球做出了贡献。

（5）色彩对比　当两种颜色组合搭配时，对比就产生了，如图4-21所示。这包括面积对比、色相对比、明度对比、纯度对比、肌理对比、连续对比以及色彩情感上的冷暖、轻重、喜怒哀乐对比等。虽然对比的形式多种多样，但其对比的目的是“突出效应”。

图4-21　色彩对比

采用色彩面积不同的比例进行大小对比，可以突出配色组合中，重点宣扬的色彩。在色彩比例中，面积大的色彩作为主体色，利用小的色彩面积作为点缀色。大的色彩面积带动了整个色彩组合的色调，小面积的色彩则要根据大面积色彩的角色进行设计处理，扮演装饰的色彩或者醒目重点的色彩。有时候，小面积色彩又同时兼获多种角色。如同大面积色彩一样，当其处于面积绝对优势，而其他小面积色彩属于从属状态时，虽然大面积色彩决定了整个色彩组合的色调，但也时常肩负起背景色，起烘托作用。所以，多种色彩对比的手法要根据设计意图，综合而用，来权衡谁是色彩的重点，谁是色彩的主色，而哪些色彩又作为附属色彩。

根据色彩表现目标，可参照原则——全力衬托“中心”。

把握面积比例，重点色彩面积不宜过大，与主体色发生冲突或抵消。也不宜过小，失去视觉吸引力。

把握明度对比、色相对比关系，突出重点色彩的醒目性。强化明度对比，突出产品的重点。色彩中明暗对比可呈现明快、爽朗、对比鲜明的色彩效果，如图4-22所示。

图4-22　不同对比度下塑造的飞利浦随身CD不同的风格

利用色彩亮点，但要防止重点繁多混在一起而呈现出的无重点。突出亮点色彩可以一改整体色彩单一、乏味的视觉效果。引人注目的“亮点”设计，不但可以吸引人的目光，而且可以方便人们获取有效信息，例如产品配色的LOGO用色。也可以利用与大面积色彩或色调对比强的小面积色彩，鲜明的对比增添了配色的情趣和韵律，也增添了活力。抑制产品主体色彩，利用“亮点”设计来强化产品的某一细节的重要性，提高产品的可操作性，如车床的控制开关。

利用色彩的各种对比度来强调产品中的主要信息，如利用面积的对比度、冷暖对比度、明暗对比度、纯度对比等处理强调信息和底色的关系，如图4-23所示。

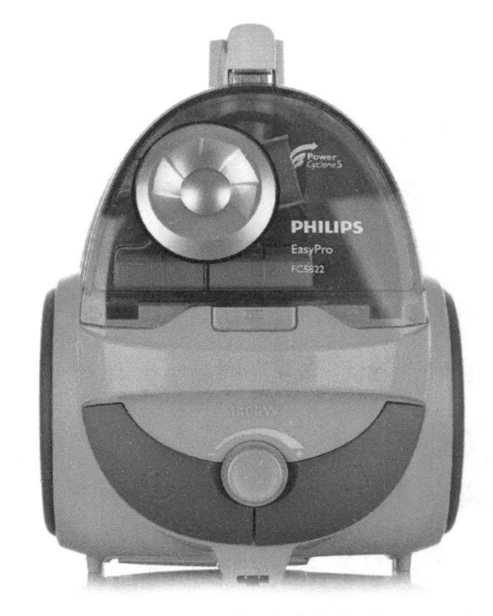

图4-23　色彩对比表现

利用对比色（补色）来增强对比。利用准对比色（偏离补色的色彩）使对比与平稳共存。

利用色彩情感对比。色彩情感的产生是源自人对自然界色彩的感知经验，无论甜美还是冷暖。在处理色彩情感设计时，巧妙的情感对比可让人产生心旷神怡的感觉。如构图中，烈焰似火的活力色彩，在刹那间的一小笔清凉色彩，既增添了对比，让暖色更暖，又让人倍感视觉的清新。

肌理对比。自然界中的所有物质都有自己独特的纹理（图4-24），人的手纹、动物的皮毛、植物的经脉、岩石的纹脉等，这些纹理是物体表面的组织纹理结构，即各种纵横交错、高低不平、粗糙平滑的纹理变化以及色彩变化等。肌理是表达人对设计物表面纹理特征的感受，是大自然中独特的设计元素，充分认识和理解肌理能够给我们带来新的色彩设计思想。肌理构成效果在现代设计中应用广泛，如园林、室内装饰、商品包装、服饰图案、产品设计等，如图4-25所示。当肌理与色彩有机地结合时，会产生更为亲近自然的色彩美，从而能够满足消费者的审美需求，使产品具有更大的吸引力。

图4-24　自然界中的各种肌理

图4-25 产品中的材质肌理对比塑造品质感

（6）色彩调和 和色彩对比相反，色彩调和是利用色彩的弱对比、少对比增加色彩搭配的和谐感。这里所说的弱对比、少对比并不是没有对比，过于统一一致的色彩，会因无对比而失去生机。何况，色彩对比无处不在。色彩调和的目的是抑制对比产生的心理刺激。如有研究说“色彩的对比是绝对的，调和是相对的，对比是目的，调和是手段”，塑造色彩和谐之美是色彩组合表现的大方向。在色彩体系中，色彩空间距离大，配色越活泼，反之越是靠近，越稳定，可参照附录中的纯度、明度对比来把握调和与对比的关系。

色彩调和的手法主要有以下几种。

使用同色系，配色时考虑色阶明度、纯度对比，把握间隔。如色相差小的配色产生稳定、温馨、柔和产品艺术效果。

使用邻近色，临近色在色相环上邻近，是一种容易调和的色彩，但同样要把握明度、纯度的对比度不宜过大。

明度统一，即不同色彩，明度相近，也能产生色彩调和美感。利用明度统一，来创造产品的安定感。

相近纯度，同明度统一一样，纯度相似产生的调和。

临近色调，色调是配色组合的总体感觉，那么色彩色调间隔不大，便能产生协调统一的感觉。

增加配色属性的共性，减少不统一。有时，配色中难免使用多种色彩，多种色彩的属性各不相同，必然会产生一定的不协调。有效的做法，就是增加色彩属性中的共同性，如明度近似，纯度近似。或者从色彩情感出发，例如多使用冷色，使画面产生冷色调。多使用白色，使画面产生浅色调等。

加入间色调和，即在对比强烈的色彩中都加入同一种色彩混合，产生调和的效果可以降低对比度，如图4-26所示。

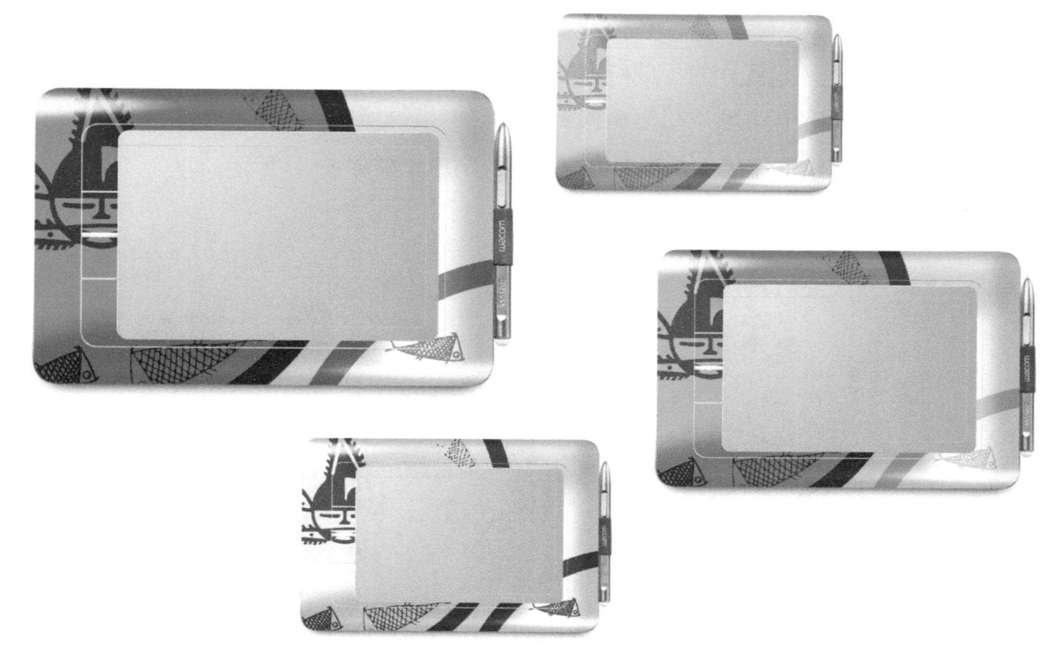

图4-26　产品色彩调和表现

使用中性色分离对比色。中性色的无彩色特性使它们能够和任何色彩搭配而产生协调的效果。例如具有超强搭配能力的无彩色“黑色”和万能的调和色彩“白色”，黑色无论与任何色彩搭配都能起到提升的作用，这一点也是之所以黑色手机较受欢迎的原因，而白色可以使对比缓和的同时突出整体效果。

双色调调配（莫里斯派），利用色调来塑造产品的风格。例如从相同或相近色相中抽出两种色调的“双色调”组合，制造色相差，或是组合中加入浊色，都能创造出丰富的色彩表情。

面积调和，色彩面积的大小比例增大，显然是增强了色彩对比效果，但是如果将和谐的色彩面积增大，而将对比度高的色彩面积缩小，在整体配色效果上，依然是一种调和的色彩感。例如补色中的红绿色，如果大面积的是绿色，而只有一小部分面积是红色，就好比“绿叶衬红花”一样和谐。

利用色彩调和原理，来实现产品的和谐风格。但是当色调柔和的产品配色中，为了强调产品的一些信息，则可以通过形色结合、色质组合来实现。比如利用凸起的圆柱代表操作按钮，尽管按钮的色彩和主体色彩一样。利用材质不同，依然强调出操作面板与塑料壳体之间的差异，从而在同一色彩中显现不同的信息，如图4-27所示。

图4-27 产品中的色彩调和

设计案例　色彩冲突与缓和

配色示例练习：以一款“阿迪达斯”的Tech Super 2.0的配色为例，通过练习来把握同色系配色、邻近色配色、补色配色不同的配色效果。

单色搭配：由同一种色相的不同明度变化构成的色彩搭配，视觉效果和谐感强，统一感强。

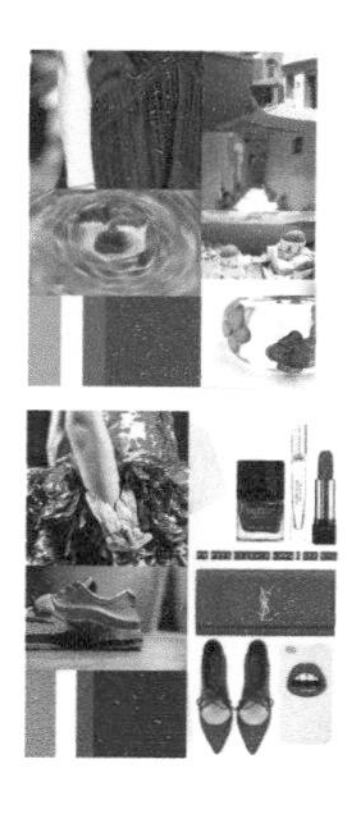
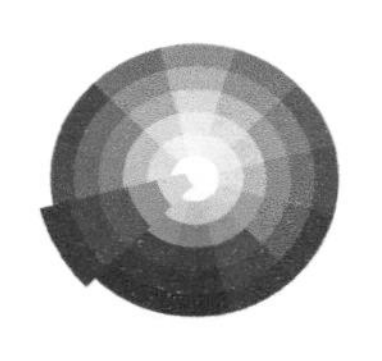

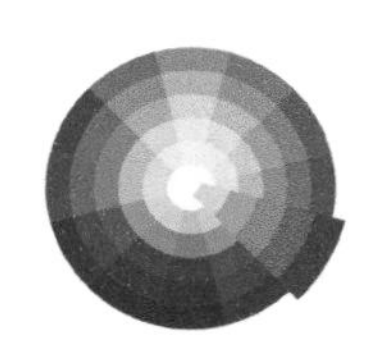

近似色搭配：相邻的2～3个颜色称其为近似色。如橙色/中黄色，这种搭配比较让人赏心悦目，低对比度，较和谐。

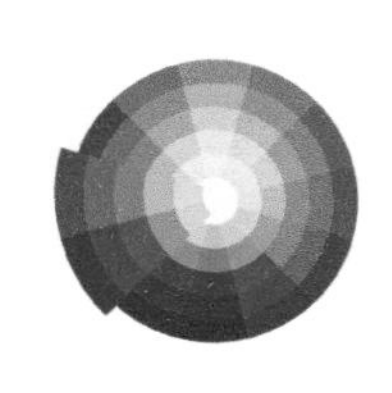

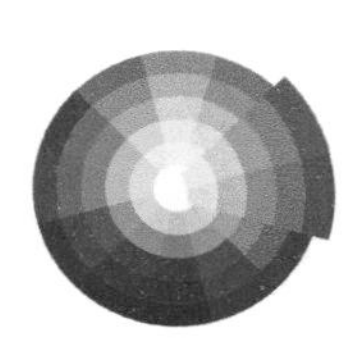

补色搭配：色环中相对的两个色相搭配。颜色对比强烈，传达能量、活力、兴奋等意思，补色中最好让一个颜色多，一个颜色少，如蓝色和橙色、红色和绿色。

分裂补色搭配：同时用补色及类比色的方法确定颜色关系，就称为分裂补色。这种搭配，既有类比色的低对比度，又有补色的力量感，形成一种既和谐又有重点的颜色关系，一对补色之间增加的色彩使运动鞋显得特别的铿锵有力，特别突出，却同样有和谐感。

原色的搭配：大部分是在儿童产品上，色彩明快，这样的搭配在欧美也非常流行，如蓝黄搭配、红黄搭配等。

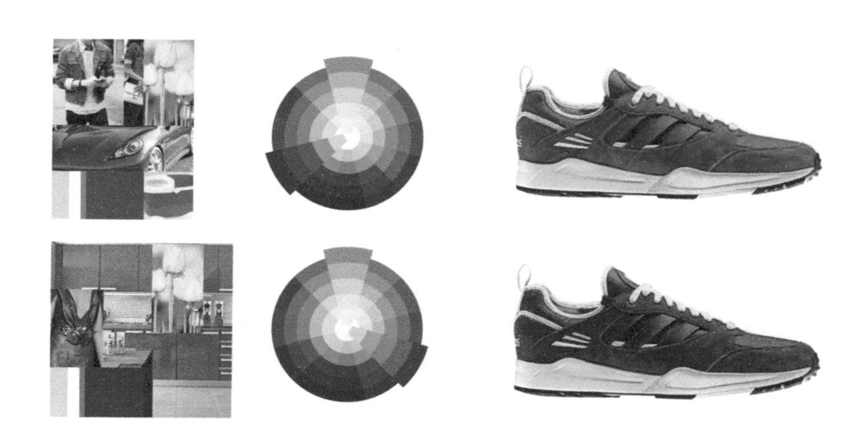

纯度与明度的调整，展现不同的色彩风格。在同样的色彩组合中，降低纯度，产生稳重、沉着之感；提高明度，则塑造轻快、年轻之感。除了利用灰色、白色在纯度和明度上面的变化外，也可以用增加一种彩色，使产品形成和谐的搭配美感，如前所述的图4-26所示。

（7）色彩呼应　色彩呼应是一种通用的设计表现手法，即利用一种色彩在色彩组合的画面或形态中，重复出现且处于不同的位置；或者利用色彩所附着的形式元素（如一样的造型、图形），重复出现在不同的位置等加强不同色彩组合之间色彩的相关性，起到承前启后、相互呼应、提升色彩韵律的效果。

色彩呼应的方法利用一种或几种色彩组合，按照一定的规律，有组织有计划地分散到配色方案中。在同一方案中，通过局部呼应产生整体的、均衡的色彩感。在不同的配色方案，如系列海报、系列产品、宣传册多页设计以及同一品牌下的产品吊牌、包装、宣传、展示等，使用提炼的色彩在各个环节中重复，组成系列设计，能产生协同、整体的感觉，这也是色彩形象设计的主要手法，如图4-28所示。

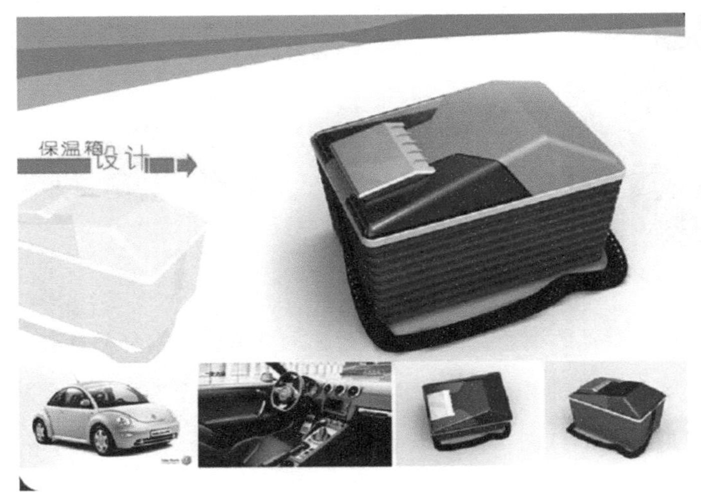

图4-28 色彩的呼应

（8）色彩传情 色彩设计在产品设计中是不可忽视的重要环节，色彩运用的好坏将直接影响产品的品味和销售。而色彩的情感特性是决定色彩设计成功与否的关键因素。

诺曼在《产品情感化设计》一书中提出，如何通过情感设计来实现产品与用户之间在情感上的交流，使产品更容易打动消费者，而促进消费者的购买欲望，提升消费者的生活情趣。色彩设计中，色彩传情也可以说是色彩的情感化设计，就是利用色彩本身所具有的情感特性，来提升产品的情感信息的传达，以此与消费者产生情感的交流与互动。

例如色彩的冷暖感觉、轻重感觉、软硬感觉、膨胀与收缩感觉、前进与后退感觉、华丽与质朴感觉、兴奋与安静感觉、凝重与明快感觉等，都是加深用户对设计目标特征印象的方法，详见附录中色彩的情感。

设计当中，色彩传情除了传递如上所述的“色彩通感”外，更重要的是让色彩传递更加复杂、抽象的信息，如产品的行业、类别、文化、寓意等。虽然这些信息会因受众的背景、文化的不同而产生不同，但是经过细心调研，同样会获得色彩最有效的传达，如设计案例“色彩文化与情感——具有生机、蓬勃发展的科技色彩”。

设计案例 色彩文化与情感传达——具有生机、蓬勃发展的科技色彩

西安理工大学科技概览宣传册设计

西安理工大学是一所应用研究型大学，该项目为学校60年校庆宣传资料之一，主要展示西安理工大学的科研情况，介绍学校的科研能力。

科技的色彩

大学的色彩

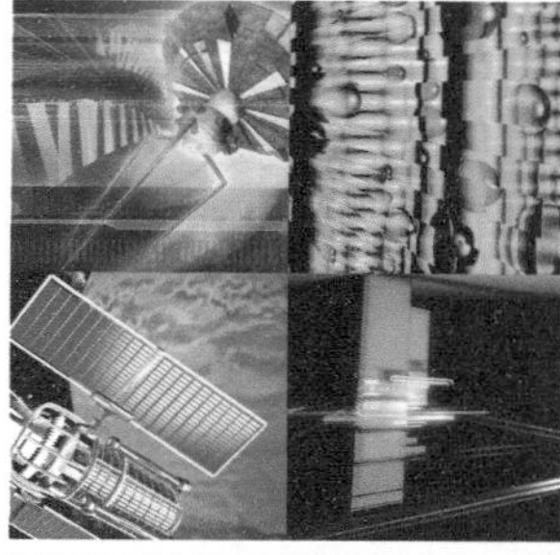

科技、领先、专注
红色、成果、生机
绿色、生态环保、可持续发展

设计中，首先确立了西安理工大学科研形象为：确立三条交叉线代表科研不同领域的交叉，交点处为三个立方体，并以校训“荣誉、责任”为核心元素，突出其科研的严谨、精准的科研作风。

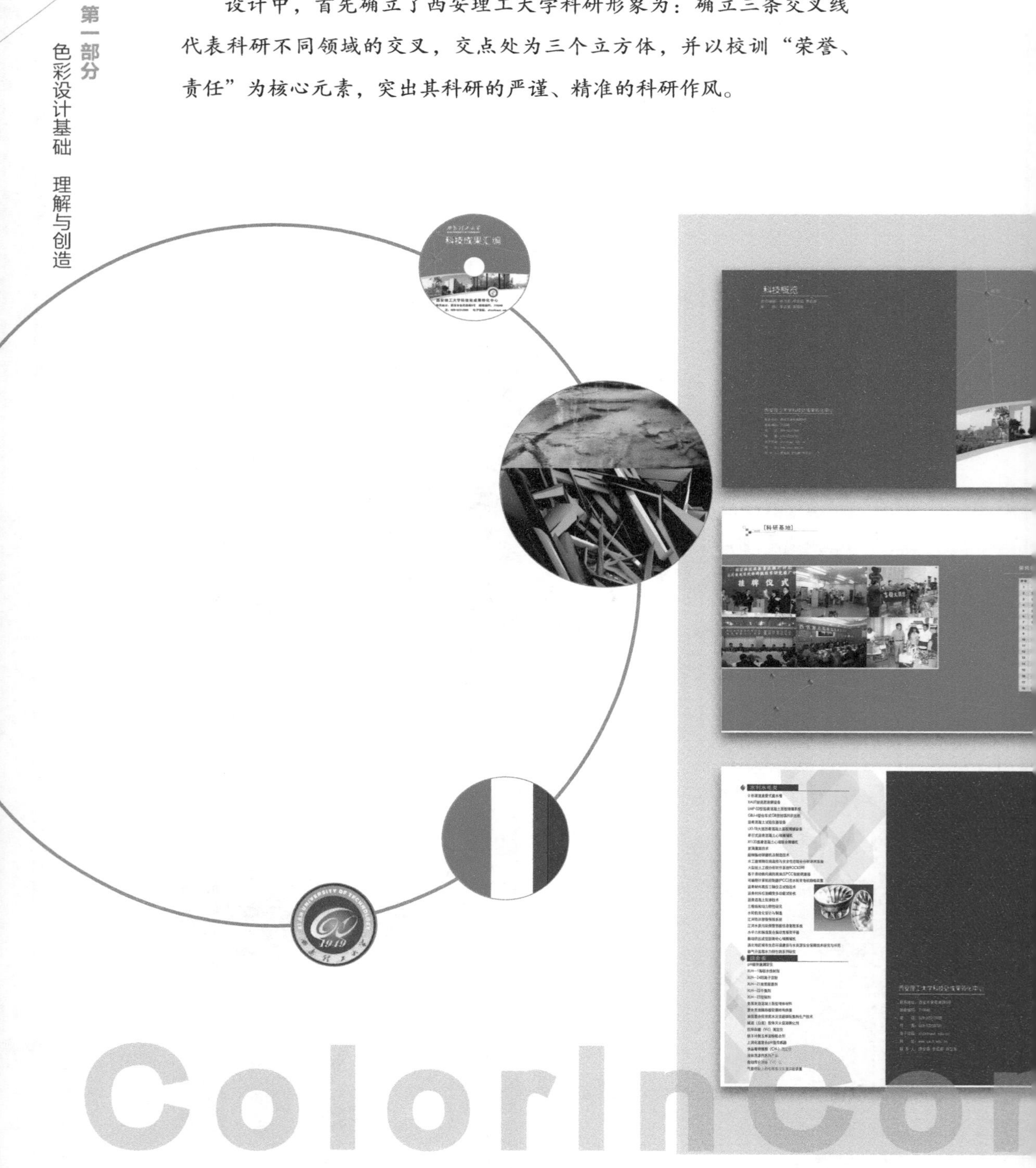

用色采取了绿色偏蓝的主调，象征绿色科技的同时，传达了西安理工大学科技力量蓬勃发展，生命力鲜活旺盛、欣欣向荣的信息。

第二部分

设计进行时

感性 + 理性 = 创造

第五章 理念

一 产品色彩设计的系统整合观念

产品色彩作为产品系统中最重要的视觉元素之一，设计时已不再是孤立而存，而是充分与产品的型、功能、工艺、形象有机地贯穿融合。如同产品系统设计一样，产品色彩设计包含设计研究、定位分析、概念生成、工艺分析、视觉表现等，其中所涵盖的信息构成由文化到科技，由传统到现代……系统整合的设计观念让色彩设计更加具有系统性、完整性、科学性。

1.产品色彩设计涵盖的信息构成

色彩设计是产品设计的重要组成部分，除了表达产品色彩的视觉特征属性（三刺激值、色相、明度、纯度等），还要体现色彩文化、心理、情感等信息。色彩情感设计要求增强产品的美感，让人们感受色彩美的同时，除去其物理方面的影响，强化心理效应。结合人们不同的文化背景、经验产生联动性的情感变化，这种情感会给人留下更深刻的印象，这种现象也就是色彩感性意象。虽然注重色彩情感传达的产品色彩设计已成为目前设计的主流，但是色彩所涉及的多重信息注定了其设计过程是一种感性与理性结合的过程。如图5-1所示的色彩设计所涉及的主要知识和信息成分，包含了个性、个人倾向、情感、文化、品味、价值、功能、趋势等众多感性信息，而这些信息可以通过理性的研究、统计分析进行定性或量化，以辅助设计需要。

Mood
Personal Attitudes
Perception History
Deficiency Meaning
Age Subjective Culture Emotional
Context Taste Religion
User Color Process
Gender Location Category Readable
Value Application Brand
Materials Function Market
Finishes Competitive

图5-1 产品色彩涵盖的信息构成

Color	色彩	User	用户	Process	加工	Value	价值
Function	功能	Market	市场	Brand	品牌	Subjective	主观
Personal	个性	Attitudes	态度	Emotional	情感	Age	年龄
Gender	性别	Materials	材料	Finishes	涂装工艺	Competitive	竞争
Application	应用	Location	地域	Category	分类	Readable	可读性
Context	环境	Taste	品味	Religion	宗教	Culture	文化
Deficiency	缺陷	Perception	知觉	History	历史	Meaning	语意
Mood	情绪						

在工业商业快速发展的背景下，纯感性的、经验式的设计方法具有一定的局限性，难以评测。尽管难以清楚地将感性层面的知识、信息和理性层面的知识、信息分开，但还是有越来越多的学者力求将原先主观的感性设计融入较为客观的理性的设计。爱娃·库勒针对有关情感的200个概念，围绕色彩进行了一次大规模的调查。在统计了1888人对40种概念的回答后，用理性的方式，整理出人们喜爱的色彩排列。这一排列解释了在众多的产品色彩方案中，蓝色系的色彩比例总是较大的原因。色彩学家小林重顺提出通过感性来界定商品形象并用色彩意象来促销商品的概念。日本色彩研究所利用大量的实验统计完成了“色彩意向体系”。韩国IRI色彩研究所也根据色彩的意象与形容词进行了相对应的关联配对，建立了带有WC/冷暖轴、SH/软硬轴的尺度空间。这些色彩体系的建立，在现实设计中成为非常有效的色彩设计工具，让设计师在纷繁无序的色彩中找到客观规律，对创意方案作出理性的决策。

2.系统整合设计

从产品色彩涵盖的信息构成来看，产品色彩设计绝不是局限在狭义的美学设计上，而是一种系统设计。从系统整合的观念出发，产品色彩设计整合了：设计+技术；设计+商业；设计+价值。

从石器时代，人类造就的第一个工具开始，与人类相关的任何人造物，就将设计和人类生产技术紧密结合，相互促成。人造物的染色颜料、染色技艺也伴随技术的发展，由非常的昂贵，变得廉价。色彩的政治象征也逐渐削弱，古时皇家贵族所使用的色彩，走向了普通民众。当前产品设计伴随新技术、新材料的涌现，不断快速发展，而其色彩的设计，在产品定位的约束下，还受到材料工艺的限制，因此，产品色彩设计的发展一定是结合在设计与技术基础上的艺术表现，如图5-2所示，塑料以其优良的着色特性，使得塑料材质的产品色彩丰富而美丽。

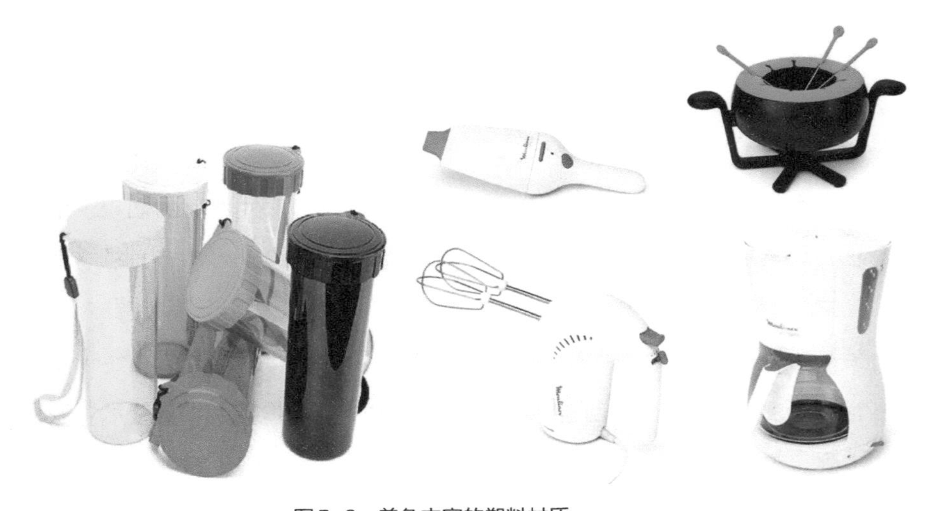

图5-2 着色丰富的塑料材质

色彩设计和商业的结合似乎更加紧密，例如红白相间的“可口可乐”，红底黄字的“麦当劳”、红黄结合的“中国石油”。在图形的基础上，色彩更加成为人们视觉的核心，品牌识别的关键。在那些著名的大品牌标志或图形中，用色彩诉说企业文化已经成为世界各国流行文化的重要一笔，如图5-3所示。

图5-3　Olivetti 的百年经典的“情人”打印机和绿色全金属外壳紧凑型英文打印机

在产品视觉形象构建的过程中，产品色彩不仅要符合美学的需求，还需要一定的商业策略，这是品牌文化构成中的主要元素。研究表明，“色彩可以为产品、品牌的信息传播扩展40%的受众，提升人们的认知理解力达到75%。在不增加成本的基础上，成功的色彩能增加15%～30%的附加值。”将产品色彩与设计概念、市场营销、形象战略等内容整合在一起的“色彩营销正帮助企业在第一眼给消费者留下最深刻的印象”，对有效地提升产品色彩的竞争力有着重要作用。

对设计与价值来说，色彩扮演的角色更具多重效应。如前所述，通过色彩文化可以增加品牌的附加价值，色彩的功能可以提高产品的使用价值（易操作），色彩的感知提升产品的质量等。如瑞士雀巢公司的色彩设计师将同一壶煮好的咖啡，倒入红、黄、绿三种颜色的咖啡罐中，让十几个人品尝比较，来发现色彩对咖啡味觉的影响。结果，品尝者一致认为：绿色罐中的咖啡味道偏酸，黄色罐中的味道偏淡，红色罐中的味道极好。事实证明雀巢公司采用红色包装咖啡，赢得了消费者的认同。在咖啡壶设计中采用红色的装饰条，也能体现出咖啡的美味，如图5-4所示。

图5-4　“红色”雀巢咖啡

二 色彩情感设计中的理性思维

利用色彩的记忆、象征、情感传递等功能使产品具有视觉美感和新颖性的同时，尽可能地满足受众的需求。虽然，基于色彩情感的设计可以增强消费者对产品乃至产品品牌的深刻印象，有效提高产品的艺术审美价值和使用价值。但是，大量的事实证明，消费者对产品美的感知往往与设计师存在差异。单凭设计师主观经验、感性设计获得的色彩方案具有一定的主观性、片面性，在设计方案最终决策方面，或因缺少理性的支撑依据而增加了产品投放市场的风险。为了提高设计决策的精准性，越来越多的设计师倾向理性思维下的色彩情感设计。

1. 色彩情感设计

如果用一种颜色表示爱情，多数人会用红色或粉色；如果用一种颜色表示技术、科技，多数人会选择蓝色。不同背景的人对色彩情感的感知不尽相同，文化差异是色彩情感差异的根本因素。色彩情感实际上源于人们的生活经验，阳光、火焰给人以温暖，因此当人们看到类似橙黄色的色彩时，便感受到温暖。与之相反，当人看到与海水、湖泊、冰等类似的色彩时，便产生冰冷之感。面对不同的颜色，人们就会产生冷暖、明暗、轻重、强弱、远近、胀缩等不同心理反应。将这些色彩情感作用到我们的产品设计上，利用色彩对人的心理作用来激发人的情绪，便更深刻而有效地传达了产品隐含的信息，让人们在情感上产生色彩的兴趣，从而实现设计的目的。

通常，设计色彩的目的就是为了突出人工造物的色彩，满足人们对色彩美的需求。美的概念十分广泛，审美活动十分复杂，从设计色彩的角度讲，色彩审美是基于人的视、知觉，是关于物的形态、色彩、材质与肌理等，经过信息传达、使用等作用于人的心理的体验过程，是以工艺与技术的先进性等为基本物质的人文表现，具有情感、象征等一系列社会意义。针对消费群体的色彩偏好，合理的运用色彩设计把色彩的文化赋予到产品设计文化当中，增强了消费者对产品的认知效果和喜好而实现产品价值的提升，可谓产品色彩的情感化设计。如图5-5表示了色彩的情感，以及通过色彩情感塑造品牌形象的标志用色。

产品色彩情感设计包含了两个层面，设计师通过艺术处理手法将自己的审美取向或倾向融入设计对象，其目的是为了满足消费群体对色彩的审美需求，使消费者在获得产品使用功能的同时对产品的形态、色彩产生美的感受，形成愉悦的心理反应。消费者对设计色彩美的判断就是消费者层面的审美因素，色彩设计的成败与否，“关键是看设计师自身的审美取向和表现能力的高低，以及是否符合大众情感取向，是否启发大众审美的新追求。”这点是色彩情感设计关注的核心。

图5-5　色彩的情感与标志用色

TRUST	信任	DEPENDABLE	信赖	STRENGTH	力量
PEACEFUL	和平	HEALTH	健康	GROWTH	成长
EXCITEMENT	兴奋	BOLD	勇敢	YOUTHFUL	年轻
FRIENDLY	友好	CHEERFUL	快乐	CONFIDENCE	自信
BALANCE	平衡	CALM	安静	CREATIVE	创造
IMAGINTIBE	想象力	WISE	智慧	OPTIMISM	乐观
CLARITY	清楚	WARMTH	热情		

设计案例 色彩语意——“帅博瑞”标志色彩情感空间的应用

“安徽帅博瑞生物科技股份有限公司”是一家新成立的生物领域里的科技企业。中文名称“帅博瑞”企业英文名称SEPARA的音译。SEPARA源自企业核心技术“生物分离介质材料的研究与生产”，“分离”的英语是separate，SEPARA由此而来。企业将立足于生物健康领域的发展。所以，我们将该企业的形象关键词定位为“科技、生物、健康、分离”。结合“色彩的情感与标志用色”作为标志色彩选择的工具，快速地确定了“帅博瑞”标致色彩空间“蓝色、绿色”及其对应的语意“信任、责任、力量、健康、成长……”。设计图稿来自西安理工大学设计学研究生《设计符号学》课程作业，指导老师王毅，设计师黄玉、马康、仪修萍、白蕊。

2.色彩情感设计中的理性要素分析

理性思维可以把色彩的情感化设计做到更加合乎情理。通过理性的研究，运用理性的统计、总结，提炼出的色彩设计原则在色彩设计中可以借鉴。把一些色彩感性的模糊信息量化，实现合理设计，即表现出色彩美+色彩功能。

（1）品牌标准色彩约束的色彩设计 产品色彩应符合产品形象及企业整体形象的色彩应用。品牌标准色彩指该品牌旗下的产品用色的标准化限定，是塑造品牌形象的主要方法。品牌色彩形象塑造通过色彩的搭配组合引起人们内心的情感共鸣，产生联想的视觉形象和可以感知到的形象，增加产品的辨识性。品牌标准色彩也包括将标志色彩组合应用到产品用色的主体色彩或配色的方案设计中，以突出品牌形象。虽然，品牌标准色彩对产品色彩设计有一定的约束力，但利用色彩的统一与变化使产品之间产生系列感、产品族感，如图5-6所示“飞利浦”医疗设备的色彩设计方案以灰白色、浅灰、鹅黄色为标准色彩，通过用色面积的变化，使不同产品之间形成稳定的“飞利浦”医疗设备形象。

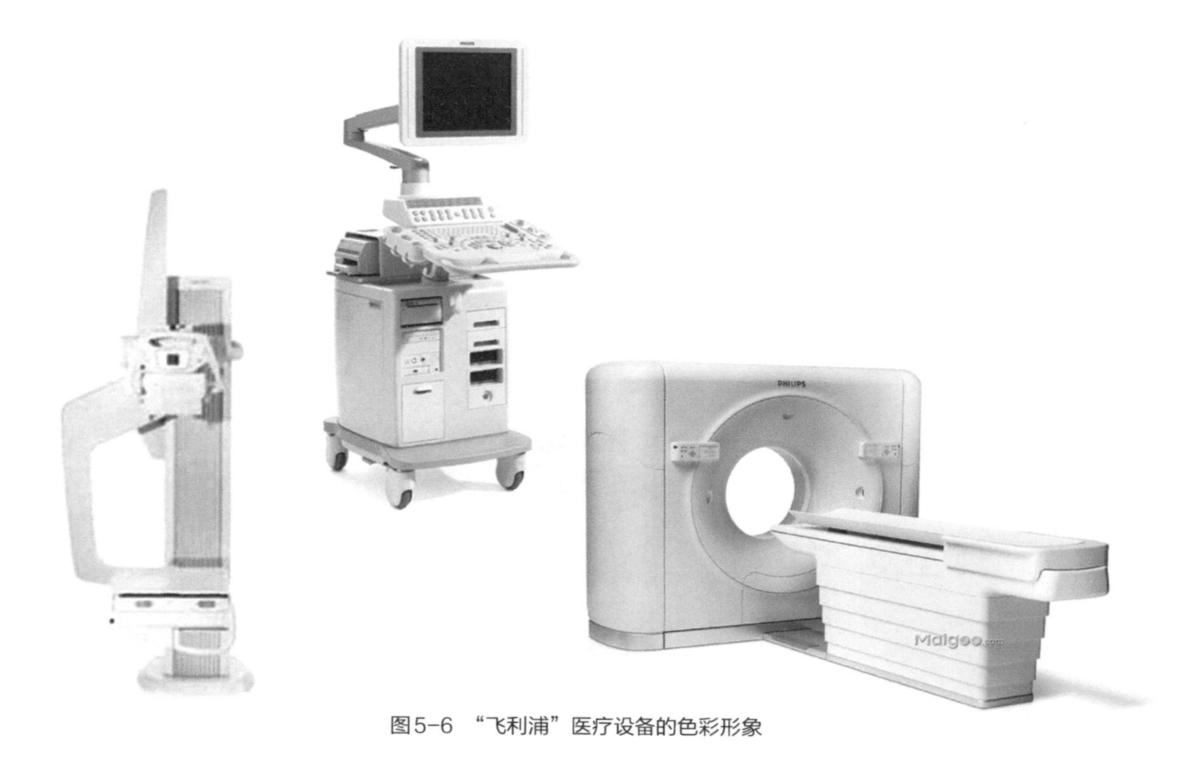

图5-6 “飞利浦”医疗设备的色彩形象

（2）凸显品牌竞争优势的色彩设计　凸显品牌竞争优势的色彩设计可从两个方面入手，一是塑造产品的独特色彩，提高品牌产品的辨识度，以强化自己在该领域的竞争优势。二是从销售业绩好的产品中获取色彩设计方案。例如电动工具中的博士Bosch品牌和Worx品牌。博士Bosch的标志色彩为红色和银色，但其品牌下的电动工具配色为蓝色、银色、黑色加LOGO的红色。红色在产品配色中，既有美化的作用，同时又利用对比手法，将标志醒目标出，形成统一的产品色彩形象。博士Bosch的网页设计，依然沿用了该产品色系，很好地传达了博士Bosch品牌形象，凸显了其稳定的行业竞争优势。和博士Bosch相比，Worx品牌在产品中则采用了标志的色彩草绿色作为主色（表5-1），如博士Bosch品牌设计一样，黑、灰、银色作为产品配色；Worx品牌的网页色彩组合中依然采用这三种颜色，以求品牌形象多方位的统一。二者在设计手法上，所选用的色彩不仅仅用于单一产品，而是更多地以色彩区分模块，体现产品的组合性能和功能分区、以标准用色为参考进行同类产品的调和配色，实现产品纵横系列化设计的统一形象。

表5-1　企业产品色彩形象化

标志色彩	网页色彩	产品色彩
BOSCH		
WORX 威克士		

（3）以消费者倾向决定的色彩设计　消费类产品色彩主要围绕消费者倾向展开。理性思维下的产品情感设计注重对消费者进行充分的色彩偏好分析，获取产品目标群体对色彩的偏爱程度，来确定色彩定位，其中也包含区域文化背景、色彩流行趋势等研究工作。但色彩不仅仅能够传达情感方面的信息，满足受众的喜好，还能够反映出一定的价值信息，如相对贵重的产品来说，便宜的产品染成越出常规的颜色反而易于被人接受；贵重的产品色彩更加倾向中性的色彩，便宜产品的色彩则相对艳丽、且丰富多样。采用基于价值层次理性分析的色彩情感设计方法，是一种非常有效的理性设计方法。以Biosephar超滤净水器色彩设计为例，首先，确定该产品的目标群体，以35～45岁的人群为核心目标消费群体，35岁以下以及45岁以上的为次级消费群体。其次，确定针对消费群体对色彩的偏好定位色彩领域。在消费群体色彩偏好的基础上，叠加“价值层次分析图”，将色彩按价值高等、中等、低等分为三个等级。根据Biosephar超滤净水器产品价格定位区间，最终选择了成熟高调区域的高等价格的色彩方案（红色框所示）投入生产。

设计案例 塑造品牌形象，提高竞争力——科瑞仪器

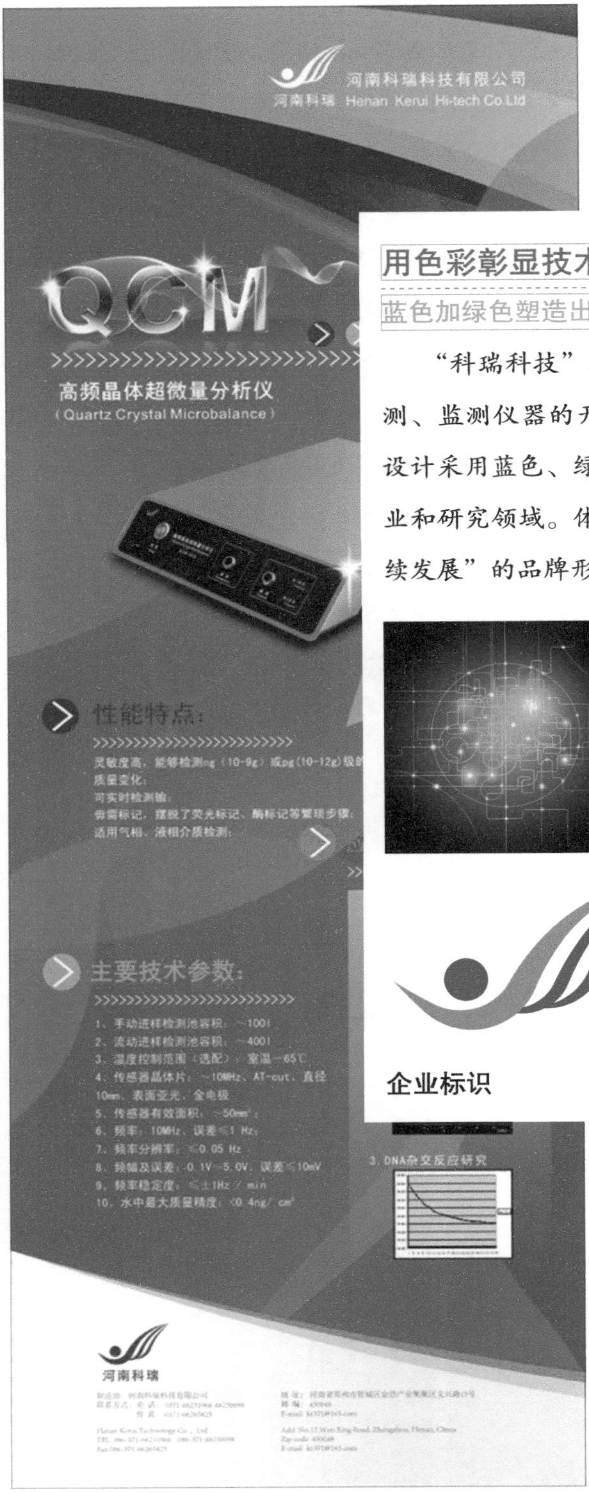

用色彩彰显技术

蓝色加绿色塑造出精密感和科技感

“科瑞科技”是主要从事农业、工业用的产品检测、监测仪器的开发与制造。“科瑞”产品色彩形象设计采用蓝色、绿色的组合塑造出该品牌所专注的行业和研究领域。体现品牌“科技、绿色、希望、可持续发展”的品牌形象

河南科瑞科技有限公司
Henan Kerui Hi-tech Co., Ltd

企业标识

QCM
Instrument consists of
Standard configuration:
Optional configuration:
Applications

企业产品宣传折页

Main technical parameters
QCM
高频晶体超微量分析仪
Features
Main functions

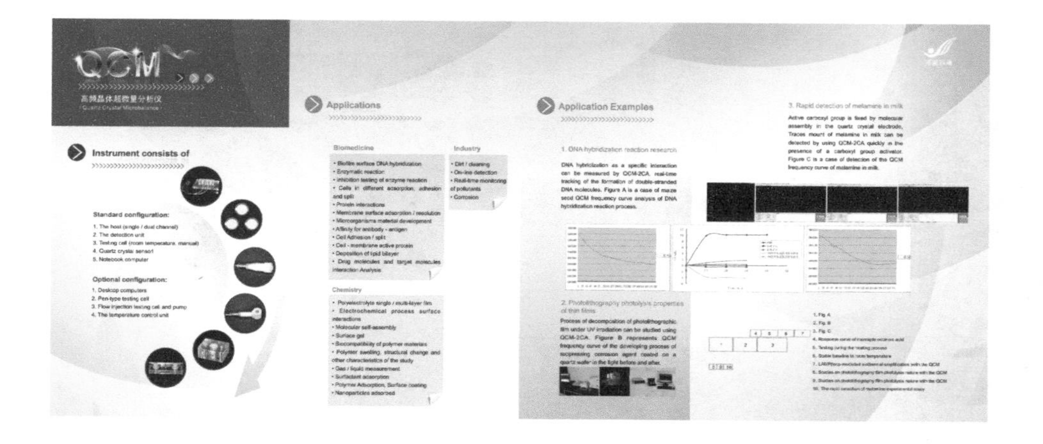
QCM
高频晶体超微量分析仪
Instrument consists of
Standard configuration:
Optional configuration:
Applications
Biomedicine
Industry
Chemistry
Application Examples

产品色彩提炼 ▶

产品的外壳采用金属银色，表面亚光效果，塑造产品的精密感和科技感。操作面板黑白两色为主，唯有企业标志采用绿色，醒目且与品牌特征呼应，从而实现产品形象的统一，以及与其他同类产品品牌设计的差异化

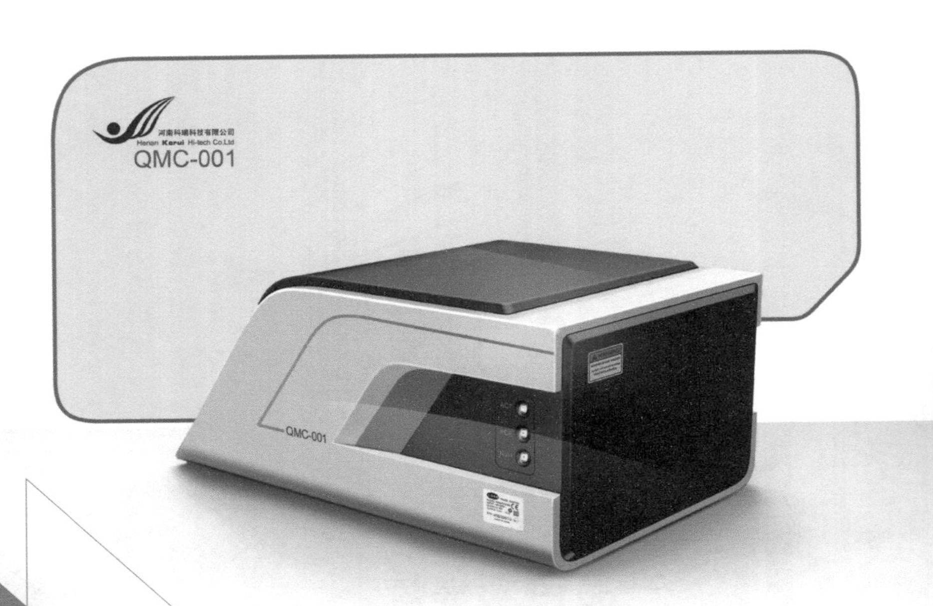

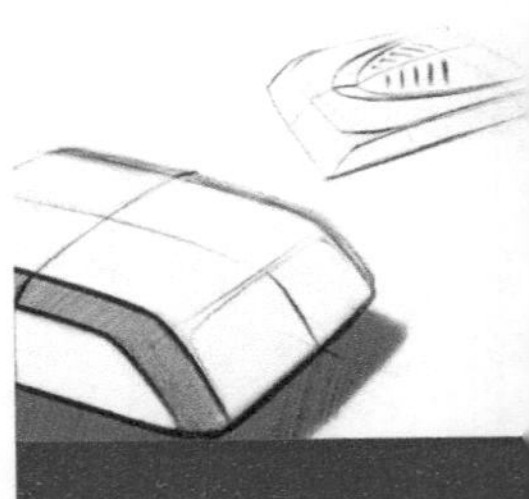

产品色彩提炼

设计初始状态 ▶

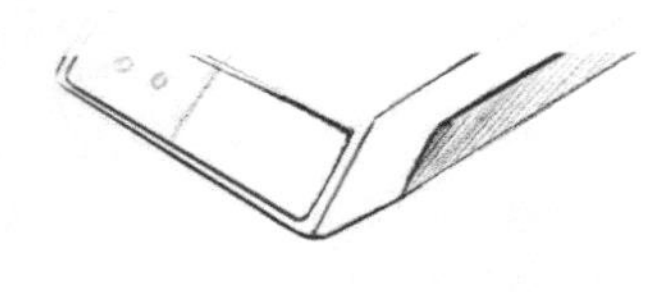

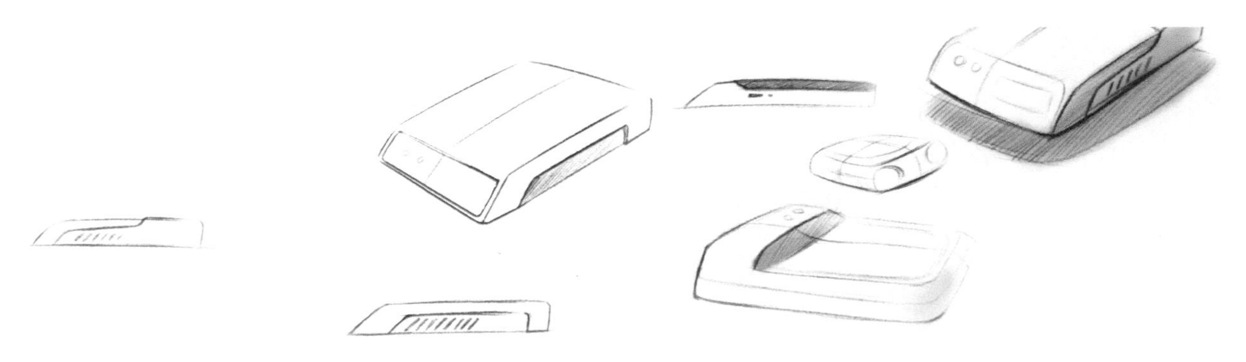

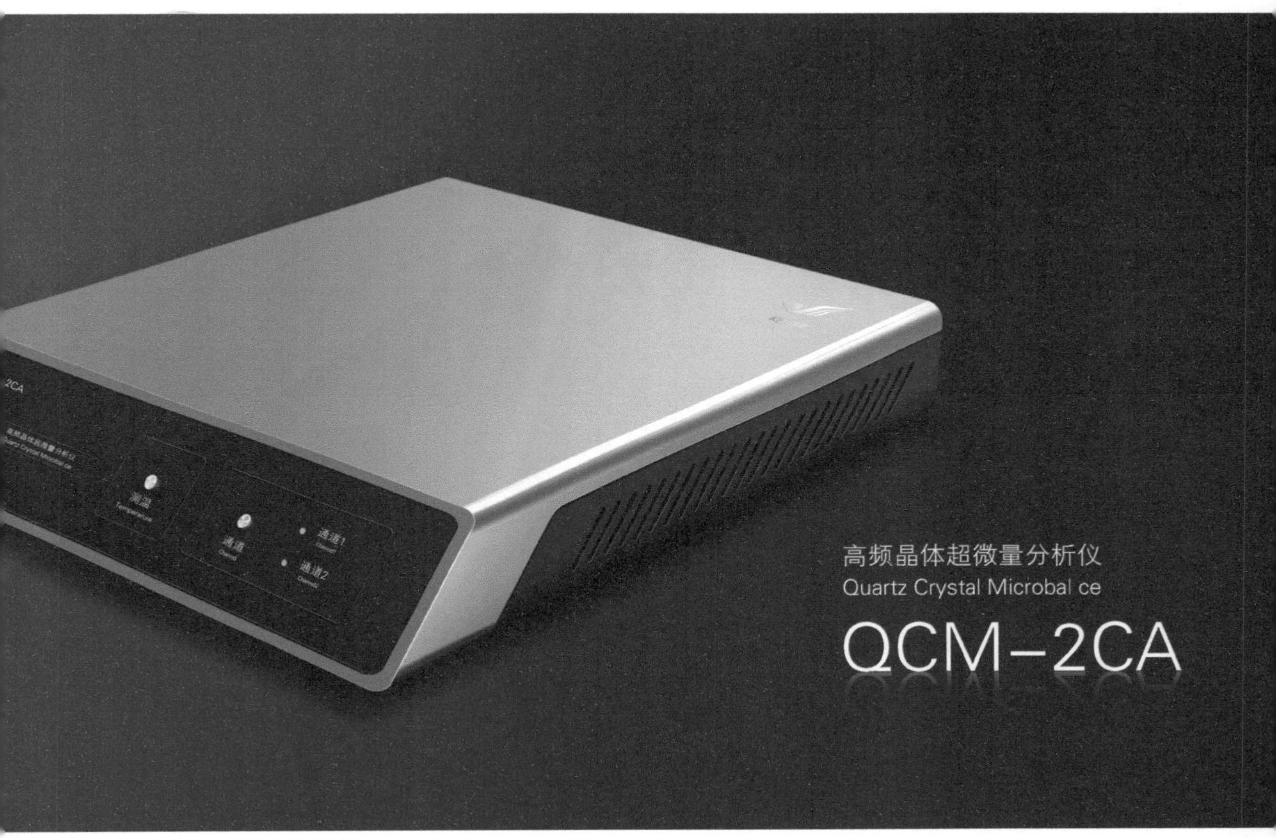
高频晶体超微量分析仪
Quartz Crystal Microbal ce
QCM–2CA

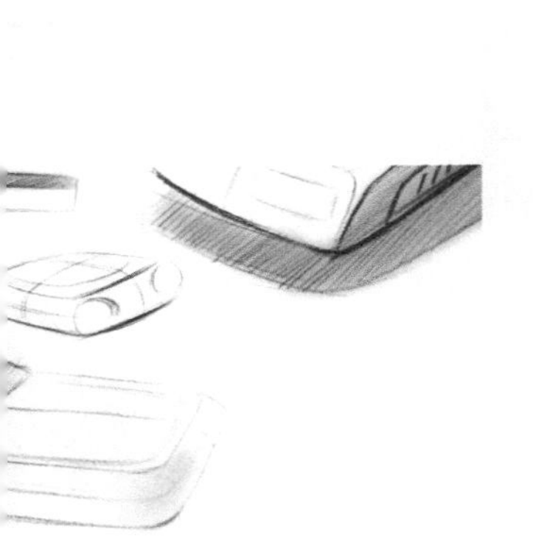

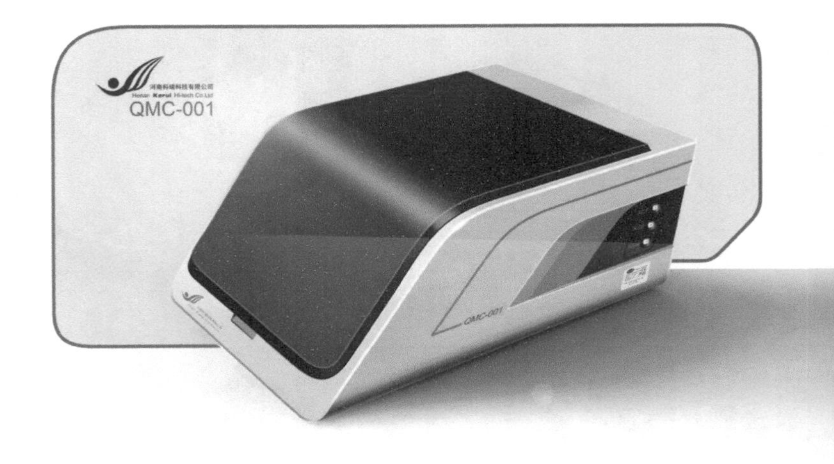
QMC-001

设计案例 Biosephar 超滤净水器色彩设计——利用核心用户群价值层次分析的色彩方案决策

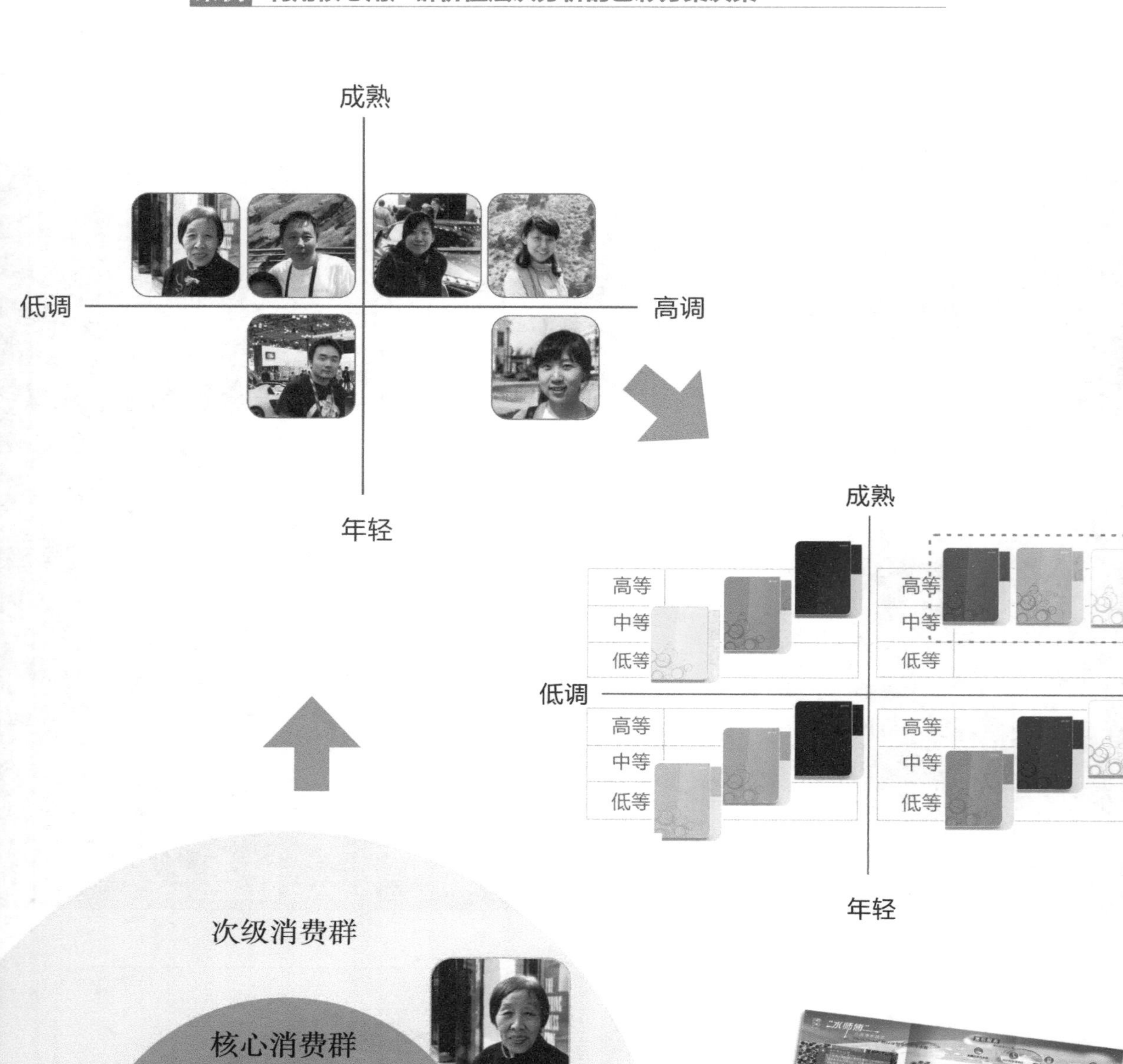

BIOSEPHAR

产品色彩情感设计可以增加产品信息量的深度传达。色彩所附带的文化情感可以加强消费者的心理作用，减少以产品为媒介，设计师与消费者之间的感知差异，提高消费者色彩方案的满意度。但在现实的产品色彩设计中，单一依靠色彩感性设计或色彩理性设计均有一定的局限性。产品色彩情感设计中的理性思维模式本质是将色彩的感性和设计的理性结合，既克服设计师主观经验获得的色彩方案的主观性、片面性，又能有效帮助设计师在设计决策方面，做出合理判断，降低产品投放市场的风险。在现实设计中，确实属于一种有效的设计方法。

三 突出产品色彩的形象设计

传递品牌信息有效的载体之一是产品，通过产品形象塑造品牌形象也是当前企业新产品设计关注的核心。以产品为载体，向受众传达产品的功能、结构、形态、色彩、材质、人机界面以及依附在产品上的标志、图形、文字等，可以客观、准确地传达企业精神及理念的设计。产品形象设计在近几年十分受到业界的关注，原先注重产品本身风格的色彩设计已转向突出产品形象的色彩设计即产品色彩形象设计。通过产品色彩形象设计来传递品牌形象更是让受众一目了然，记忆深刻。“苹果”品牌旗下的彩色透明的iMac个人电脑，iPod MP3播放器、iPhone多点触摸屏手机等，留给人们深刻印象的是非常典型的“苹果色彩形象”，同时有效地传递了“苹果”品牌文化。同样，IBM的笔记本、西门子的家用电器等，色彩形象超越了其他产品形象构成元素，更容易增加受众对该品牌的视觉印象。如图5-7所示的DEVOLRO越野车，车体的大面积黑色结合小面积的车灯红色和车轮刹车钳，十分有效地与该品牌标志中的红色图腾呼应，塑造奔放豪迈的形象。

1.突出“文化效应”的产品色彩形象设计现状

产品色彩形象作为产品视觉形象的组成部分，其作用不仅仅是产品颜色的物化表现，更重要的是其所附带的文化信息传递功能。突出文化效应的产品色彩形象设计就是用色彩意象把社会文化、企业文化形成或发展过程中重要的、具有标志性事件的特点融入产品色彩设计。

图5-7　DEVOLRO越野车

在给产品受众留下最大视觉冲击力之余，利用“文化效应”增强色彩意象设计，充分发挥文化效应对受众心理及行为的影响作用，是产品色彩形象设计效果明显的原因。1969年美国实现了人类首次登月的伟大创举，掀起了以“登月文化”为核心的设计文化。欧米茄成为第一只“一步登月”的“月球表”（图5-8）。40年后的今天，欧米

图5-8　欧米茄“月球表”

茄超霸月球表的本质仍未改变。当时，同样以太空舱、航天技术为设计灵感的zippo打火机（图5-9）、来自登月灵感的Nike登月科技系列的缓震鞋等产品也获得了众多消费者的追捧。“登月文化”效应的驱动下，倾向白色、灰色、银色和反光的金属亮片的产品色彩成为消费者最受欢迎的色彩形象。

图5-9　zippo打火机

2. 适应“文化变迁”的产品色彩形象设计趋势

格罗皮乌斯在《全面建筑观》中指出，“历史表明，美的观念随着思想和技术的进步而改变，谁要是以为自己发现了‘永恒的美’，他就一定会陷于模仿和停滞不前。真正的传统是不断前进的产物，它的本质是运动的，不是静止的，传统应该推动人们不断前进。”文化是不断变迁的，产品设计美的创造要坚持动态发展原则，以适应人们追求变化和新鲜的要求。人们对色彩的审美伴随色彩技术的发展而不断的产生变化。产品色彩形象设计会因为经济发展、技术进步、生活方式演变、本土化与国际化、流行时尚等文化现象地变迁而转变。因此，文化驱动的产品色彩形象设计是与文化变迁相适应的动态发展关系，以满足受众对色彩文化的诉求和色彩所附带的显隐性信息理解的一致性。例如，婚纱在我国20世纪90年代前后，由于受传统婚庆色彩的影响，受欢迎的颜色并不是白色，而是粉、橘、红色系的居多，短短不到几年，白色婚纱就成为主流。国际化发展，加快了我国青年人对传统色彩美感知的变化。如图5-10所示是“永久”牌自行车早期产品，20世纪60、70年代自行车是主要的交通工具，在当时的文化背景下，自行车的颜色主要以深绿、深黑色为主，色彩形象突出沉着、庄重和统一。到了80、90年代，自行车的生产发生了巨大的变化，老样式被五光十色的新式自行车代替。尤其是当前，当健身文化的兴起，消费者的色彩文化也发生了巨大的改变，对自行车的需求由代步转向健身娱乐，具有运动、时尚、轻快的色彩形象更是受到消费者的青睐，“永久”牌自行车也逐渐形成以“运动文化”为主题的形色统一的运动色彩形象。色彩文化变迁对流行色和色彩消费具有很大影响，是色彩规划考虑的重要因素之一。许多经济发达的国家有专门的机构研究色彩文化，多年来一直利用各种方法监测着人们色彩偏好的变化，发布色彩流行趋势，不仅促进了色彩文化的固化、保存与传播，而且推动了色彩商业经济的发展。

图5-10 “永久”牌自行车

3. 融合“多元文化”的产品色彩形象设计

产品色彩形象设计应与产品的生产制造、销售结合起来，是美学艺术与工程技术的有机融合。建立在色彩物理化学、色彩心理学、色彩美学、色彩文化、色彩功效学、色彩工程化等研究基础上的色彩表达才能成为科学的产品色彩形象设计。产品色彩形象建立中主要的文化构成要素包括本土与非本土文化、行业特色、企业文化、企业核心技术领域特征、设计师个体文化及知识体系、产品受众个体文化及知识体系等。融合“多元文化”的产品色彩形象设计就是设计师根据色彩文化、企业文化、受众文化知识背景等研究基础，确定产品的属性、功能、形态等与色彩设计之间的约束关系，通过色彩搭配使产品具有视觉上的美感和新颖性的同时，展现产品形象，传达企业品牌理念、文化等信息。同时也会利用色彩的记忆、象征、情感传递等功能来尽可能地满足受众的需求，有效提高色彩形象传达的效果。设计师对色彩设计是一个多信息处理的过程，然而设计产品的评判是由消费者的感知评价来决定的。大量的事实证明，消费者对产品信息的感知往往与设计师存在差异。这些差异大多属于人类因文化背景引起的心理感受或是情感感受差异与理解差异。至于产品色彩的效果，文化差异应是根本性因素，这些因素具有显著的模糊性和不确定性。因此，信息时代加速世界文化交融的背景下，文化加速变迁以及受众审美的多元化问题对产品色彩形象设计规律由物化更多地转向了“多元文化”融合的设计。如耐克、阿迪达斯等运动品牌，以其丰富多彩的产品，打破了地域的局限，成为世界流行的体育用品，如图5-11所示。

图5-11 “耐克”“阿迪达斯”运动鞋

4.“文化意涵”塑造产品品牌的色彩文化

产品色彩形象设计作为一种设计，是一种典型的审美文化，体现客体与主体之间的关系，即产品和使用者、观赏者的关系。通过设计师的设计技术赋予产品一种美的形式感，设计产品的结构形式、设计产品的色彩组合、设计产品的语意内涵以及结构形式。色彩组合所表现和蕴含的产品意义是以设计物品是否吸引受众群体为重要内容的。信息时代加速了文化的变迁，但是，整个世界文明的表层一致性并不能掩盖区域文化的传统差异。设计师、艺术家的审美是体现在产品设计上的艺术处理能力上，而消费者的感知评价则是其设计核心。产品设计中的色彩蕴含着多重语意，其中既有科学的，又有文化和艺术的。不同地区由于各种客观因素存在巨大的差异性，消费者对色彩语意的理解也表现出明显的地域性差异。源于消费者民族背景的“文化意涵”的色彩表达更能够反映地域民族的性格，也更能塑造其自身品牌的色彩文化。如以黑、白、灰为主体色彩的“无印良品”恰当地展现了日本民族色彩的“静”与“净”的文化意涵，同时也营造了自己的品牌风格。同样，国内“洛可可”设计公司旗下的“上上”产品之“上上虎”“高山流水”，也是以黑白等素净、简约的色彩形象，演绎着中国“禅宗”文化中“温和”的民族性格。法国创立于1925年的Le Creuset品牌，以法国人民非常喜爱的蓝色、粉红色、柠檬色、浅绿色、浅蓝色、白色和银色塑造了铸铁珐琅锅和颜色鲜亮的厨房用具，“体现浪漫多姿的法国南部农家的乡下情调”，如图5-12所示。

图5-12　法国Le Creuset厨具

“越是民族的，就越是世界的”，产品色彩形象设计中，能够用各民族的文化精神作为沟通设计的桥梁，用“文化意涵”加强色彩语意的传达，提高消费者对产品的领悟，可谓“以文传情”“以色绘意”的产品品牌色彩文化形象。

5.产品色彩形象的风格化提炼

产品设计作为艺术形式的一种，设计表现手法不仅仅是要符合形式美的原则，而更重要的是要符合形式美之下触发用户的情感，从而打动顾客，激发其购买的欲望。虽然不能完全等同于绘画大师作品的个人风格以及艺术表现风格如建筑风格、文学风格、服装风格等。产品的艺术情感所塑造的感觉也可以用大多数用户所认知的共性、相对稳定的元素特征集合而定义风格类型，如家居装饰的八大风格“美式乡村风格、古典欧式风格、地中海式风格、东南亚风格、日式风格、新古典风格、现代简约风格、新中式风格（古典中式风格）”等，以及产品中的商务风格、田园风格、休闲风格、科技风格、古典风格、简约风格、工业风格等，也会因为产品造型中的元素特征，而被定义为棱锐风格、稳重风格、传统风格、现代风格、前卫风格等，这些风格下，与其对应的色彩，也都有着明显的风格特征。

在很多设计趋势的影响下，可以通过产品风格化的提炼，实现趋势下的差异化。如凯迪拉克汽车的大气而不失棱角和锋芒的风范，和其他品牌形成了显著的风格差异，流行色差距不大但是造型不同，风格独特，如图5-13所示。

图5-13　凯迪拉克汽车造型风格

产品的风格化表现是和造型、色彩、材质紧密结合的，其提炼是和时代特征、技术发展、市场需求息息相关的，在一定的时期内，产品风格会因时代的进展而发生变化，尤其是伴随技术发展、现代风格定义的产品。如图5-14所示，图中的收音机当其问世的那一刻可算是最具科技性的产品了。而如今，它的风格已经演化为传统风格。

图5-14　收音机

第六章

色彩设计流程

色彩设计流程
阶段0
设计研究
设计启动
概念生成
收集
用户需求
用户资料
使用环境
用户亮点
用户需求
优先需求信息
使用步骤
设计任务分析
产品领域研究报告
任务图
用户需求列表
1阶段
产品色彩形象开发
设计需求分析
色彩设计计划
提炼
设计输入
优先需求信息
用户需求约束
工效学因素
探索性研究报告
系列化设计规格
风险分析
2阶段
色彩设计开发
提炼
设计输入
人机因素
使用错误分析
设计导向
设计失效模式和后果分析
形成研究报告
产品系列化设计规格优化
3阶段
色彩设计确认
人机因素
用错误风险最小化
用户反馈
确认
最终方案
4阶段
产品确认、商业化设计
工艺确认
新产品介绍
设计确认
使用错误分析
使用测验
最终设计确认报告
5阶段
产品着陆
商业推广

第七章 产品色彩设计研究

一 设计研究

斯科特·杨（Scott Young）说过，“最有价值、最具操作性的研究常发生在创造性的工作之前”。为了产品开发实现有效的商业化，设计研究成为贯穿产品设计流程始终的知识、技术支持和指导。设计研究的本质就是实现成功的产品设计。

1.提供设计决策的科学依据

一项市场调研的开展需要设计团队或是委托相关机构有计划、有目标地进行资料收集及对其进行整理分析。不论是产品设计与开发过程中的哪一个环节，充分的调研是帮助每个设计环节做出决策的依据。色彩设计需要考虑的因素繁多，因此新产品研发时，色彩调研多会关注以下三方面进行。一是本地区人文社会环境下社会群体的特殊色彩喜好、禁忌、风土人情等色彩设计的基础资料，这些信息对色彩设计起到一定的约束作用。第二方面就是了解目标群体中人们心目中喜欢的产品色彩，并根据喜好色彩在色彩体系或色彩情感空间中的分布情况来析出基于用户喜好的产品色彩形象语意。这部分研究获得的色彩信息是帮助设计师进行色彩定位、设计实施、满足设计方案符合用户需求的关键信息。第三方面就是收集市场上相关的在售产品色彩以及相关行业流行色彩趋势资料以及企业的经营理念、品牌意象、竞争对手情况等，全方位地通过分析相关信息来建立起详细资料集，并确定设计输入，以辅助产品用色方案，最大限度地适应市场趋势或是引领市场潮流。

调研是计划行动的开始和准备。因为涉及的并不是一个人行为，通过色彩调查，正确地了解各细分市场人群的色彩喜好、及时地捕捉市场的缺点与不足，然后加以合理有效地利用，向决策者提供正确的信息和必要的线索，从而把握正确的设计方向。设计调研的内容较为复杂，不同产品、设计侧重点的不同，其调查的重点也有不同，总体说来研究的各部分内容概括如下。

（1）市场研究　包括市场区域划分、区域需求特点、销售渠道、竞品色彩分析、色彩识别差异化等研究。

（2）产品趋势研究　热卖产品用色现状、流行趋势、流行色影响力度分析、风格趋势、新材料、新工艺、材质流行趋势等。

（3）用户研究　用户色彩倾向、色彩需求、色彩文化影响、色彩标准化限定、用户特征细节描述等。

（4）产品色彩的“人、机、环”研究　产品用色与使用环境之间的关系研究、色彩人机分析、色彩的易识别、色彩的功能性分析等。

（5）产品自我分析　品牌诉求、技术特征、产品形象、市场细分与定位分析等。

（6）色彩设计策略研究　产品周期阶段分析、色彩定位策略、色彩形象、设计概念、色彩情景、推广战略、色彩营销等。

如图7-1所示，美国EMD公司对汽车色彩喜好的调研结果显示，不同国家人们对汽车色彩喜好度的差别。

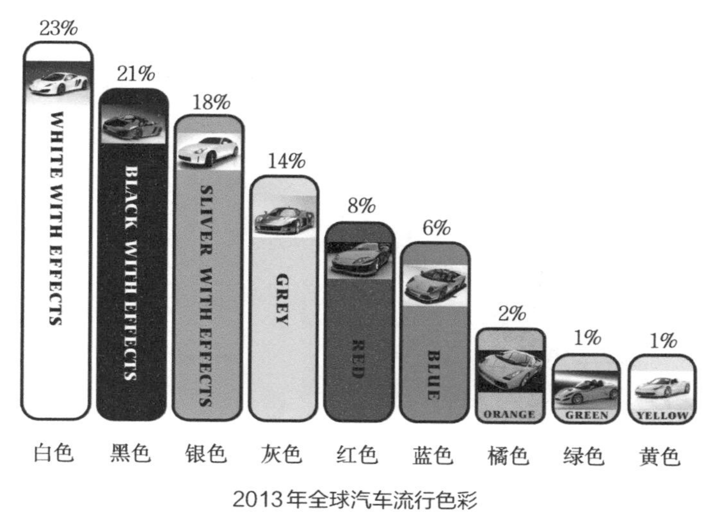

2013年全球汽车流行色彩

图7-1

银色 黑色 白色 灰色

2013年巴西汽车流行色彩

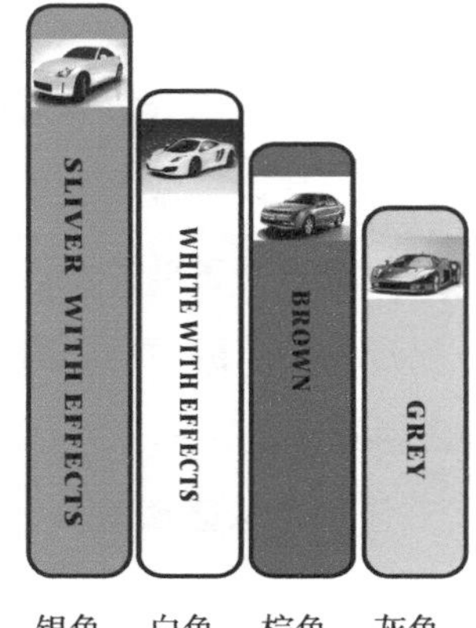

银色 白色 棕色 灰色

2013年印度汽车流行色彩

黑色 银色 灰色 白色

2013年中国汽车流行色彩

白色 银色 黑色 红色

2013年俄罗斯汽车流行色彩

白色 银色 黑色 灰色

2013年韩国汽车流行色彩

白色 黑色 银色 蓝色

2013年日本汽车流行色彩

白色 黑色 银色 灰色

2013年欧洲汽车流行色彩

图7-1　美国EMD公司的汽车色彩喜好调研结果

2.缩小感知差异：编码和解码——非理想传达

设计符号学把艺术类的设计活动作为一种典型的“非有效传达”，描述得非常形象。语言因为有语意、语法、语构、语境、语感等，在传达时虽不能像机器语言那样实现理想传达，但和设计活动相比，还是能够传达出非常好的意思。设计是设计师通过“编码”将自己的想法按照一定的“设计法则”写入产品或者设计物的过程，但设计物要实现自己的价值，需要用户通过自己的理解和操作来解读它。这样，设计师与用户之间的交流是通过设计物为媒介，期间编码和解码的规则并不相同，所以这种传达是间接的传达、非理想的传达。因此如何让设计师通过思维将信息通过设计尽可能地传达给用户，让用户通过自己的思维解读到设计物包含的信息，是设计研究的核心。

从美学意义上讲，色彩设计行为是一种艺术设计的行为，是一种按照美的规律去设计的行为，体现了人的有目的有意识地创造和选择。只要包含了某种艺术性的因素，它都或多或少地体现了某种审美的因素。设计师与消费者之间的审美差异成为消费者对产品色彩美感知差异的主要因素，如图7-2所示。

图7-2　产品色彩设计与感知的差异

从科学的角度获得指导设计的信息和知识，是理性设计思维的模式和方法。用这种理性的方法将色彩所承载的种种信息，准确地应用到设计中，一直是色彩设计研究的核心与意义所在。如前面色彩基础理论中所讲，色彩是感性的。如何将色彩感性层面的信息反映到设计当中，一直是研究的热点。早期美国心理学家奥斯古德（Osgood）于1957年提出语意分析（Semantic Differential，SD）法，可以通过设定语意尺度（SD Scale）测量同种心理类型的不同感受程度。日本学者山本健一首倡的“感性工学（Kansei Engineering）”在关于产品的艺术性评判和心理感受等感性信息处理研究方面的建树为色彩设计的合理性、有效性奠定了科学的方法。色彩研究（图7-3）强调运用数学、工程技术探讨“人”的感性与“物”的设计特性间的关系。这样，通过设计研究、数据采集、统计分析等，从人的因素、心理学的角度挖掘了顾客的感觉和需求，并在定性和定量的层面上，将消费者色彩感性方面的信息整合成辅助设计与设计决策知识，这样就能很好地缩小感知差异。消费者作为设计所关注的核心，不但是设计研究的主体，同时也可以在设计阶段介入设计过程，保证设计师获得的设计方案更接近消费者的需求，减少感知差异，提高设计满意度。同时，设计师将色彩方案的结果反馈于设计数据库，为后期产品色彩设计提供科学的决策支持。

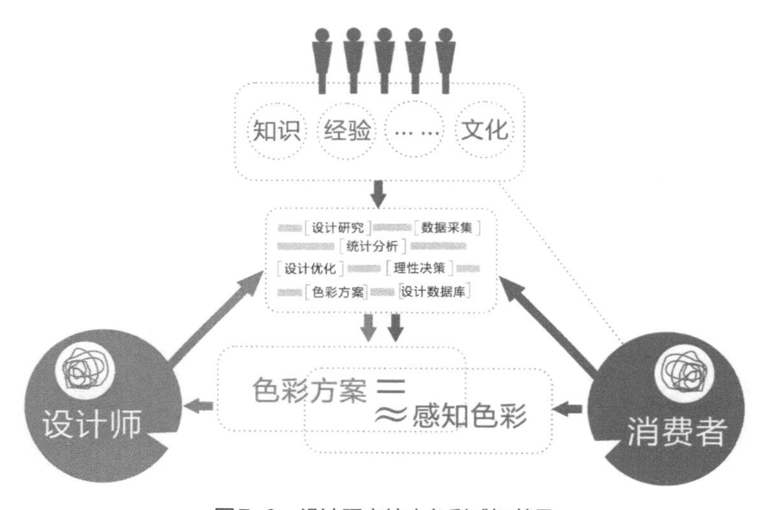

图7-3　设计研究缩小色彩感知差异

3. 提高色彩方案的可行性

产品色彩设计是艺术设计与工程技术的结合。现代产品色彩表现丰富之极的关键在于颜料的生产技术、着色工艺技术的发展与成熟。但是，对产品的色彩设计来说，并非无所顾忌的可用任何色彩，同样需要考虑生产技术、材料加工工艺对色彩实现的约束。

从感性的角度出发，产品色彩设计研究通常会从人对色彩的心理感知入手，多采用定性的研究方式对产品色彩的属性、文化情感以及与产品特征的关联性（如产品形象与品牌形象、产品的风格与色彩关系）进行研究，选择一种既能贴切地反映产品的相关信息，又具有鲜明产品个性与风格的色彩方案——基于感性的色彩设计研究，意义在于有效提高产品的艺术性，增强产品的视觉审美价值。

针对产品色彩的可实现性以及消费者喜好方面的研究，可采用基于理性的色彩设计研究，以确保设计好的色彩能够在现有的材料、加工工艺上顺利实施的同时，满足多数消费者的喜好。如德国爱娃·海勒的《色彩的文化》一书，用科学的调查统计方法得出“人们喜爱的颜色为：蓝色38%、红色20%、绿色12%、黑色8%、粉红色5%、黄色5%、白色3%、紫色3%、金色2%、褐色2%、灰色1%、银色1%、橙色1%”。基于理性的色彩设计研究用定量的研究方式，理性地分析为产品用色方案作出科学决策。

研究发现，单纯地依靠感性的色彩设计或理性的色彩设计，都无法让产品设计同时具有艺术价值和实用价值。因此在现实的设计研究中，根据目标群体对色彩的感知和心理效应，设计师也往往会采用科学的统计分析方法，对现有的设计“对标”产品或者案例的色彩在空间、质与量以及色彩情感空间上进行分析，按照色彩规律、造型法则，利用设计师的主观能动性做一定的变换与再设计，重新组合产品色彩、形态、材质等要素间的相互关系，创造出美的、理想的产品色彩效果，是一种理性与感性结合的设计方法。

二 产品色彩设计研究的流程

不同用户、不同区域之间的差异导致消费者对产品色彩的倾向存在差异，这意味着“远方实施的评测不能为当地的设计策略做出准确的分析和结论”。当前，以价值为基础的经济条件下，设计中通过施加不同的设计定位以迎合消费者的需求来提高企业的竞争力，因此产品色彩设计更加注重设计研究来获取产品色彩设计信息的输入，协助企业、设计师做出更加准确的设计决策。产品色彩设计研究流程图较详细地构建了色彩研究关注的内容及其适用的研究方法，如图7-4所示。

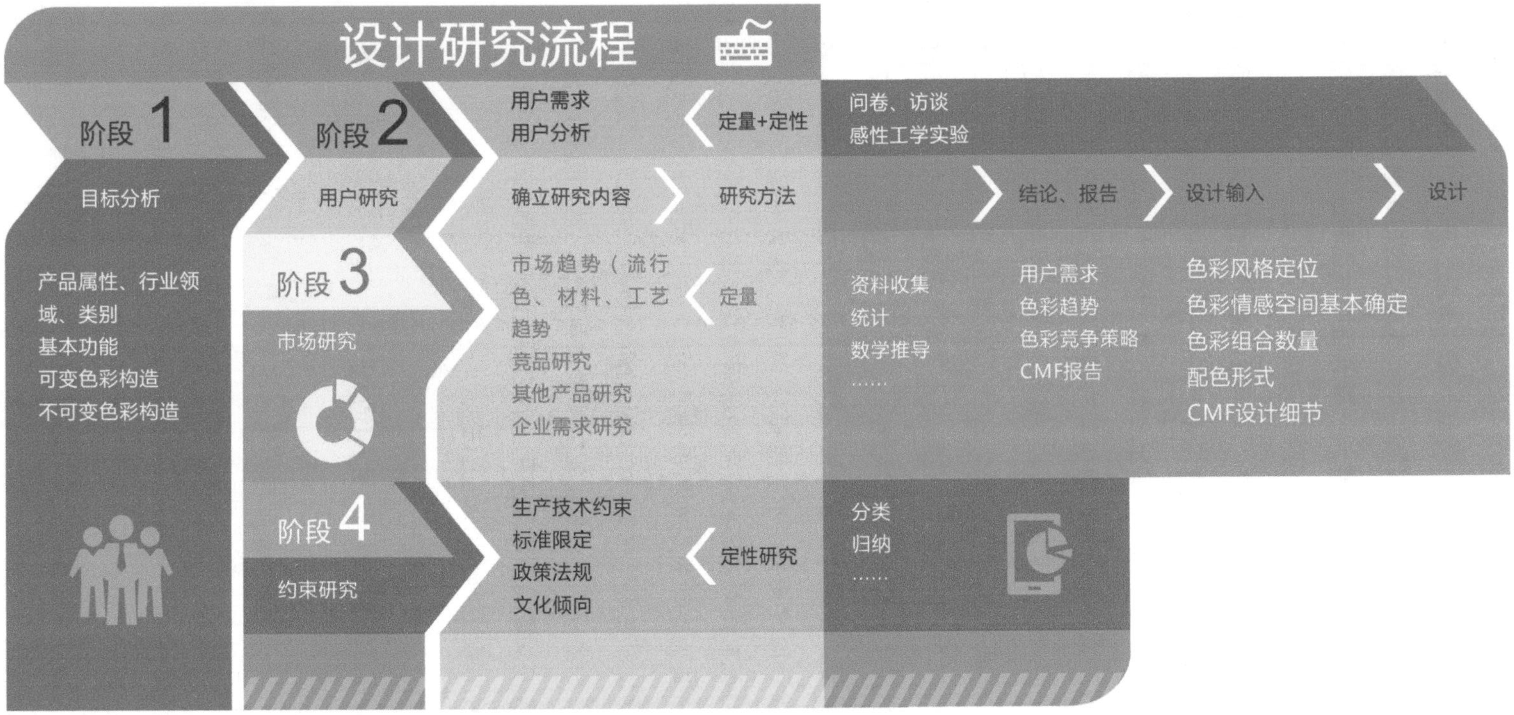

设计研究流程

阶段1
目标分析
产品属性、行业领域、类别
基本功能
可变色彩构造
不可变色彩构造

阶段2
用户研究
用户需求
用户分析
定量+定性
问卷、访谈
感性工学实验

确立研究内容
研究方法
结论、报告
设计输入
设计

阶段3
市场研究
市场趋势（流行色、材料、工艺趋势
竞品研究
其他产品研究
企业需求研究
定量
资料收集
统计
数学推导
……
用户需求
色彩趋势
色彩竞争策略
CMF报告
色彩风格定位
色彩情感空间基本确定
色彩组合数量
配色形式
CMF设计细节

阶段4
约束研究
生产技术约束
标准限定
政策法规
文化倾向
定性研究
分类
归纳
……

图7-4　设计研究流程

（1）目标分析　产品属性，基本功能，产品构造、约束。

（2）确立研究内容　用户需求，用户资料、使用环境、企业自身分析、市场研究、设计约束、竞争分析。

（3）研究方法　一一对应，问卷调查、定型分析、定量分析。

（4）研究报告　色彩设计信息提取，确定色彩定位、结论。

（5）设计输入报告　目标群体、色彩定位、CMF参考资料、色彩形象。

三　产品色彩设计研究的一般方法

产品色彩设计研究作为设计艺术学，其调研的方式有很多种。李立新教授在《设计艺术学研究方法》一书中将设计艺术学研究归纳为这些方式——“定性研究、定量研究以及历史性研究、实验性研究、调查研究、田野考察、逻辑论证、个案与综合研究”。

调查的途径也有许多选择，根据不同的调研方式，如定性的调研可以通过座谈会、家庭拜访、电话电视或网络视频的方式进行。定量的研究则可以发放调查问卷、通过经销商了解不同色彩的产品销售数据或通过收集网络、杂志报纸等媒体的数据进行整理。网络问卷近几年发展迅速，为设计研究提供快捷、省时省力、覆盖面不受时空限制的途径，如“问卷星”。此外，专业的第三方调查机构为企业进行调研活动也受到企业的关注，许多设计公司专门提供和产品设计相关的各种专项研究活动。调研的专业性避免了设计研究中主观的影响，获得的信息更加全面和客观。

设计案例 除了绿色和蓝色，还可以用什么颜色——“恒成生物”标志设计

生物、科技、医药，如果用色彩来表示这个几个领域，你会用哪个颜色?

本案例为生物科技领域标志色彩倾向调研。

项目描述

公司名称：西安恒成生物科技有限公司

简　　称：恒成生物（恒成·中国）

英文简写：Henchcn

发展理念：有恒乃成功之本

社会价值：产品本身提高人民生活水平

公司定位：恒成生物科技是一家做生物医药的企业，未来会逐步进入健康实业产品。企业将建立产品研发中心，在生物介质技术的支持下派生出新的产品。

标志感觉：标志图形中不宜过于体现生物科技的影子，要国际化，不排斥中文作为标志主体。

推荐对标：GE（通用）

设计研究

生物科技类企业标志设计构成分析：图腾加文字的组合方式为主。

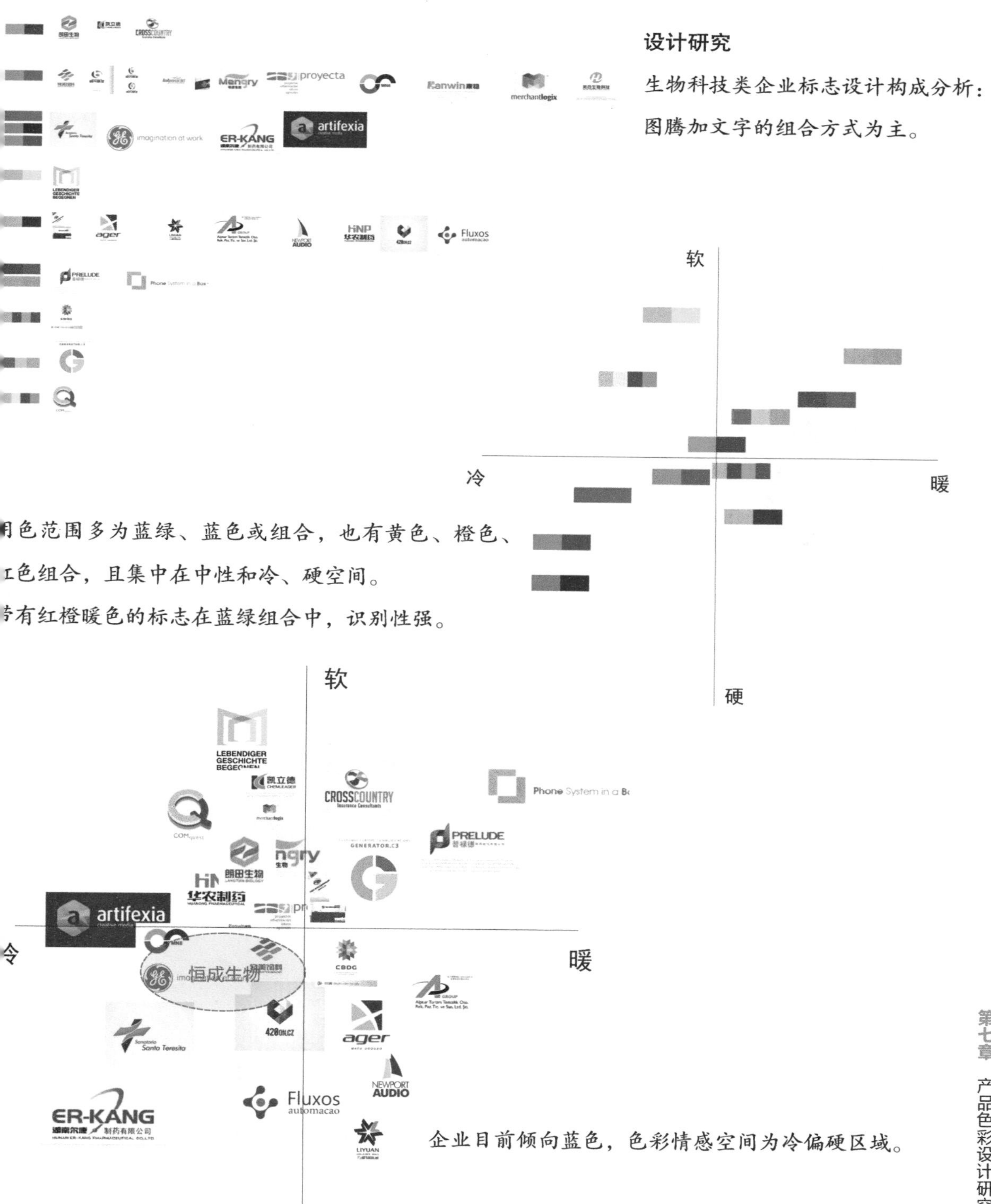

用色范围多为蓝绿、蓝色或组合，也有黄色、橙色、红色组合，且集中在中性和冷、硬空间。

带有红橙暖色的标志在蓝绿组合中，识别性强。

企业目前倾向蓝色，色彩情感空间为冷偏硬区域。

设计说明：

公司名称：西安恒成生物科技有限公司

简　　称：恒成生物（恒成·中国）

英文简写：Henchcn

发展理念：有恒乃成功之本

社会价值：产品本身提高人民生活水平

最终标识效果 ▶

恒 成 生 物
Henchen Bio Tech

标识应用效果 ▶

四 影响产品色彩设计的因素

1. 人的因素

人类的心理感受及其影响因素具有显著的模糊性、不确定性、复杂性、动态特性，影响色彩喜好的“人的因素”包含了年龄、性别、性格，以及后天成长的背景，如教育程度、职业情况、经济收入等。在年龄方面，生理因素对儿童产品与老年产品色彩特征产生的影响是决定人们色彩喜好的一个方面，从众的色彩心理以及色彩文化的形成也会作用于人对色彩的喜好。例如，刚出生的婴儿，在产品色彩选择上是完全被动的，但是色彩文化的作用会促使绝大多数家长为男孩选择淡蓝色，为女孩选择淡粉色，这两种色系似乎在孩子出生的那一刻，就已经被定格。且不论国内还是国外，女孩子的穿着用品多以桃红、粉红为主，而男生用色最多的则是蓝色系。这种色彩倾向的盛行是从20世纪初开始兴起的，对色彩性别的倾向性，年龄越小，表现得越为突出。人对色彩的喜好不仅因老少年龄而异，也因男女性别而不同。一般而言男士比较喜欢深蓝、军绿、橘红和紫色等中低明度色彩，相对而言女性则喜欢粉色系的红蓝、亮绿等更为淡雅的明色。而且女性对色彩的感知和敏感程度上要远远高于男性，所以她们也更容易为产品色彩所吸引，对各类设计的选择也更为谨慎。如图7-5所示，儿童用品选择活泼、鲜亮明快的色彩，色调对比强烈，伴随年龄的增加，书包的明度、纯度都开始降低。

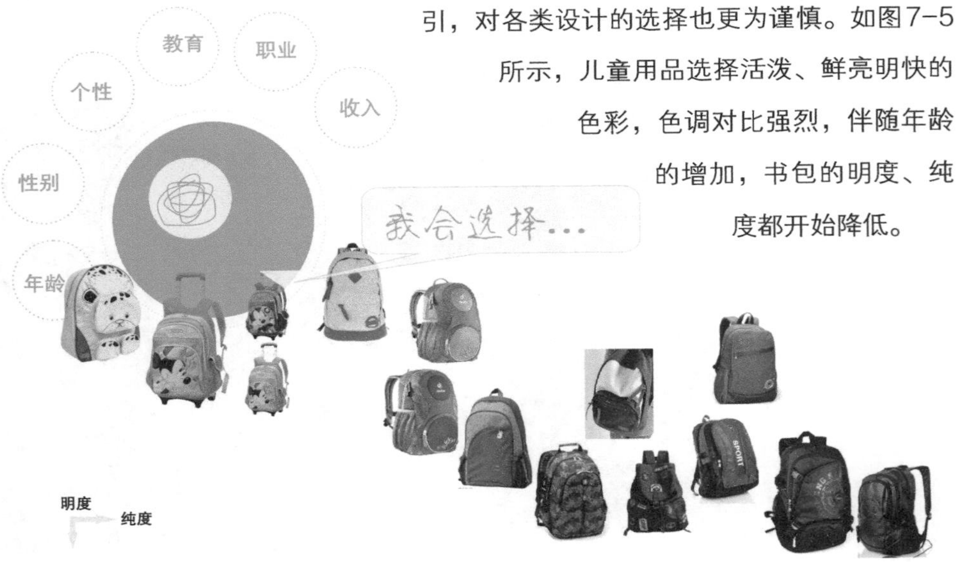

图7-5 影响色彩喜好的“人的因素”

除了年龄产生的生理因素会影响人们对色彩的偏好外，产品色彩设计与人更加相关的就是性别和性格。性格对色彩的影响，虽不能泛泛而言，但是，正因为人的性格，导致了对色彩的个性化需求。市场上，各大产品竞相推出了差异化的设计，无疑多是满足人们性格差异的需求。不同性格的人对色彩的审美爱好也不相同，古人说“文如其人”，同样一个人的内在性格也会通过外在的喜好得以反映。多愁善感的人对色彩的感觉更为强烈，通常对不同的色彩有不同的心理感应，而理性沉默的人则偏爱中性冷色调，对过多的彩色反应微弱，缺乏明显的好恶感。不仅如此，人受不同的情绪左右，对色彩的反应也不同，烦躁中的人看到大红或其他强烈刺激的配色时会更加烦躁不安，而蓝、白等冷静的色调将有助于缓解这种情绪。不同的工作性质或不同的工作地点都对其工作人群的色彩心理造成影响，如脑力工作者喜爱淡雅调和的色彩，经常从事体力劳动的人则对鲜亮的色彩情有独钟，地处农村的人喜爱对比强烈的艳丽色彩等。

产品色彩设计中根据不同年龄、不同层次的消费心理需求，采用不同的色彩组合，力求在第一时刻吸引消费者的视线，唤起购买欲望。

2.“人、机、环”因素

人机工程学又叫人因工效学，是研究系统中人与产品的系统组成部分交互关系的一门学科，并运用其理论、原理数据和方法进行设计，以优化产品系统的功效和人与产品、环境之间的关系。在产品色彩设计中引入人机工程原理不仅能够起到美化产品的效果，还能够优化产品人机设计，使产品提升安全性、易用性、舒适性等。在感性工学、人机工程学等相关学科的研究中都对色彩设计的人机特性予以充分重视，如人机工程学研究认为产品的配色要和产品的造型、结构和功能相统一，危险和警示部位使用小面积的警示色标等。近几年“色彩工效学”的发展，更加关注色彩的视觉疲劳度、易识别、减少劳动强度、警示性、提高安全性以及产品与环境色互利互惠的关系等，使得色彩研究的经济性和审美性共同提高，实现产品设计的优化。有统计显示，威胁工业生产者人身安全的最大因素往往是产品运行中存在的隐患因素，如果能够在危险来临之时提醒操作者，就能大大降低事故发生率，因而在设计中使用安全色是一种行之有效的方法。好的色彩设计能够提高操作者的识别能力，有效地减少使用者劳动强度和降低错误操作概率，提高工作的效率。例如，车间内的油污较多，车床的主体颜色一般为中低明度的绿色以使车床更加耐油污，从而减少擦洗的工作量。有些车床，为了突出其危险的特性，则采用红色、橘色等作为主体色，以提高警示性，如航吊、数控机床等设备。这些充分说明了从人机要素出发做产品色彩设计的必要性。

产品的色彩还能够起到优化工作环境的作用，产品色彩设计的考虑并不只局限于产品色彩本身，一个具有良好功能性的产品同样要与工作环境的特点相适应，并且在一些不利的环境下色彩本身能起到调节作用。环境状况可以分为两类，一类是自然环境，如不同地区的公共设施产品色彩与周围的建筑色彩相融合，既富有地方特色又符合视觉环保的理念。另一类是工作环境或使用环境，包括作业环境、照明环境、温度环境等，如使用过程中受环境的影响较大的产品，在色彩设计时充分考虑环境因素可有效地减少使用者劳动强度，或在同等劳动强度下增加劳动量，如图7-6所示，机器操控面板中的警示按钮和仪表显示，利用了形色结合，凸显其易识别、易操作的色彩功效性，起到防止操作失误，降低劳动强度作用。

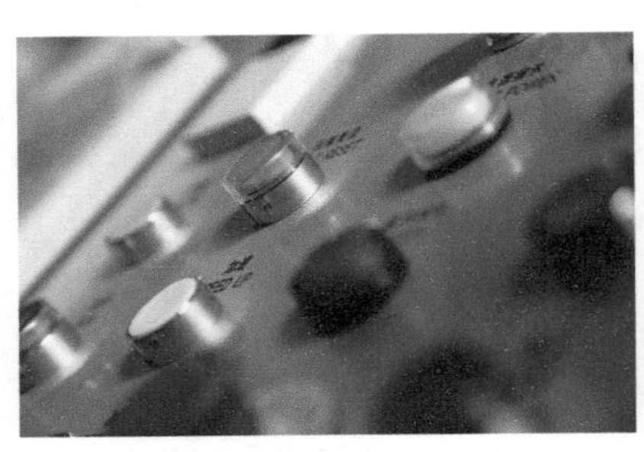

图7-6　机器操控面板中的提高易操作效率的色彩设计

3. 地域环境的因素

人们在不同的地域与环境中会形成不同的审美文化与观念。因而不同地区的人在面对同一产品时的表现往往也会有很大的差异。其中光照条件和地理环境对不同地域色彩审美的影响尤为重大。

据一位意大利学者的研究，北欧的阳光光色发蓝，近似于日光灯的颜色，而意大利的阳光光色则偏黄，更接近于白炽灯的色彩。两地人们在有如此差别的阳光下长期生活，久而久之对色彩形成了不同的习惯和偏好。地处北欧的斯堪的纳维亚产品风格大都突出原材质和冷色调；意大利产品更为丰富艳丽、激情浪漫，其原因可见一斑。不同地区的色彩偏好还受环境的影响，生活在阳光充足环境下的人们大多喜欢艳丽的暖色色彩，阳光不足天气多阴地带的建筑也多为沉着冷静的色调，室内则是体现相反的心理诉求。希腊爱琴海海域冰凉质朴的大理石色调；北非埃及金黄色的神秘气息等，都是对自然色彩的总结和升华，这种基于自然情感的审美至今仍然作用巨大。我国地大物博，在地域上，划分为东西南北方，不同地区由于各种自然地理条件巨大的差异，消费者的审美也表现出明显的地域性差异。

4.政治、文化的因素

不同年代的经济社会制度、生活方式和思想形态等因素不同，人们对色彩的审美标准和审美趣味也是不同的。例如，古代欧洲以穿紫色为尊，古罗马凯撒大帝出入元老院就常穿紫色长袍，然后是白色，之后是黑色，时至如今紫色早已失去其象征意义转为人们众多选择之一。工业化背景下人们普遍具有追求新鲜时尚的社会心理状态，信息流通的便捷化成为色彩审美社会化的推手。某一重大事件的发生或某新科学技术的应用都有可能成为在社会层面引起人们对色彩喜好变化的起点。例如，2008年中国举办奥运会就推动了色彩流行，引起了传统中国红的时尚风潮。也就是说所谓的流行色，它是某一时间段内人们的喜好和追求。有人认为流行色的起因就是模仿。通过模仿他人的审美经验来达到一种社会存在感以及积累自己的审美经验，这是一个社会内的审美互动。同样，消费者心目中的产品形象色等都是受外部社会情感影响而来。总的来说，社会心理所引起的色彩审美变化不仅是一种社会规律，也是产品竞争的有力武器。

不同社会文化下赋予色彩的内涵不尽相同，即便是在我国国内，民族和文化蕴含的不同也会导致在色彩偏好上有所差别。伊斯兰文化中绿色是富有生机的高贵色彩，而日本人则认为其是不吉之色。我国在数千年的发展过程中也建立了自身的色彩文化，将色彩和政治及宗教文化结合起来。

产品设计以及蕴含其中的色彩设计从外在形式到内在的设计思想都是作为一种文化形态体现文化的思维和特征。但设计并不是文化毫无意义的附庸，设计审美的创新和进步也会反作用于文化并推动其进步，所以说文化传统与色彩设计是非常紧密并互相影响的。

5.市场流行的因素

流行趋势是指在特定的时期、区域内，某一群体广泛流传的生活方式、行为方式、意识观念等，具有典型的时代特征和广泛性，有着产生、兴起、接受、衰减、消失的周期性，在其走向衰减时，新的流行又孕育而生，此起彼伏，具有渐生、渐灭的延时特点。广义上讲，流行色是指在社会中较为突出与活跃的，被广泛使用的，或带有前卫先锋特质的色彩。狭义上讲，流行色是指在色彩机构的组织下，从事色彩工作的专家们根据国内外市场消费心理、社会时尚的变化，预测市场变化，提前发布若干色相搭配的色彩组合，提供给从事色彩设计、生产工作者以参考。除了流行色彩外，一些新材料或新技术的流行也会极大地影响产品色彩设计。因此，挖掘市场的流行元素，是产品设计满足市场需求的关键，也是产品设计研究的重点。符合流行趋势的产品设计、色彩设计，便能赢得市场。充分地调研是获取流行元素的关键，但是针对产品的上市计划，真正快速、准确掌握现有流行、未来流行趋势，精准预测必不可少。因而，为了最大效率地提高预测信息，指导行业内、行业间顺利地衔接，而诞生了一些专业的、行业针对性强的预测机构，尤其是流行色协会、机构，如中国流行色协会、国际色彩委员会（IC）、国际流行色协会、国际纤维协会、国际羊毛局、国际棉业协会、日本色彩研究所、斯堪的纳维亚研究等以及Pantone公司等独立色彩公司或相关色彩研究部门。他们专职进行每年色彩趋势的预测和发布，对色彩文化及色彩流行走向进行分析研究并向时尚、产品、家具等行业提供相关信息咨询。丰田汽车、耐克运动、日产汽车、通用汽车等著名企业除了自身的企业色彩部门外，也会向独立的色彩研究机构或公司寻求产品色彩相关的质询与服务，以把握消费者的色彩动向。如图7-7所示为美国Pantone公司发布的2013年汽车工业设计色彩趋势。

新古铜色具有低调奢华的视觉感受。金属合金的本色表现出不同程度的复古色调——柔软的卡布奇诺咖啡、金属感的糖渍栗色、橄榄和烟草、像自然的城市迷彩一样的复杂的棕色色调。

图7-7 2013年，Pantone公司发布的汽车工业设计色彩趋势之一

通常流行预测的方法有大致有以下几类。

（1）问卷调查法　问卷调研问题设计水平高低（问题数量、言简意赅、是否紧扣出题），答题者的人数、年龄、教育程度、社会地位、从事工作等都会影响结论。若处理不善，反而会形成误导。

（2）总结规律法　根据一定的流行规律推断出预测结果。某些流行预测机构参照历年来的流行情况，结合流行规律，从众多的流行提案中总结出下一季的预测结果。比调查问卷法省力，但有更多的主观性。所以很多流行预测机构往往组织很多学识卓越的流行专家共同分析，得出最终结果。

（3）经验直觉法　凭借个人积累的关于流行的经验，对新的流行做出判断。有时候，灵性的直觉加上丰富的经验比理性的数据分析更为奏效。

美国学者Rita Perna认为，井然有序的思考和确实可靠的指引路标，可以帮助提高预测各种新趋势的准确程度。对产品色彩设计实践来说，为了很好地捕捉到流行趋势，通常可以依照流行预测机构发布的色彩趋势，来完成商品的色彩规划，这样的色彩方案在材料、工艺等方面在满足市场流行趋势的条件下，更容易实现。但对创新型的产品研发来说，新奇的用色，可能会产生新的流行趋势，使得现有的趋势发生突变，如以中性色为主的苹果手机在其问世后，就将原本多彩色的手机趋势很快改变，直至几年后，黑、白、金、银一直是消费者最喜欢的手机色彩，这一趋势甚至延伸到了多个产品的用色上。因此，对设计师来说，在今天产品形象色彩相对稳定的趋势下，既不能脱离科学的调研、也不能盲从各种预测，更不能一味坚持自己的经验或直觉来完成产品色彩设计，而是应该很好地把握色彩趋势预测的方法，充分地对色彩设计进行研究，巧用流行元素，为色彩方案做出正确的决策，赢得或引领消费者的喜好，如图7-8所示。

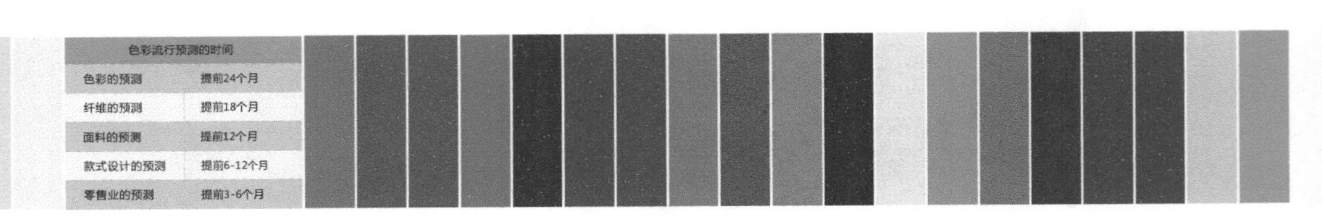

色彩流行预测的时间	
色彩的预测	提前24个月
纤维的预测	提前18个月
面料的预测	提前12个月
款式设计的预测	提前6-12个月
零售业的预测	提前3-6个月

图7-8　色彩流行与预测时间

6. 技术的因素

任何产品色彩的实现，都是和色彩技术发展息息相关的。早在古时候，由于颜料生产，以及染色技术不发达，最早的产品色彩暗淡且单一。伴随色彩技术的发展，使一些鲜艳的色彩可以从天然的动植物、矿物中提取出来，往往也用于高贵阶层的着装与用品中。今天，色彩科学的发展，颜料生产与染色技术大大提高，也使得我们所看到的人工物色彩丰富多彩。例如，印刷技术以及数字化印刷技术的发展不但实现产品2色、4色印刷，也实现了各种小批量的、单件的色彩快速打印。而且，色彩打印技术，也不仅仅局限在纸质打印，玻璃、铁板上的色彩打印也同样显现出无比丰富的色彩层次。色彩技术的发展显著促进了色彩类的产品设计与实现，但是，这并不代表设计师在产品设计时可以无所顾忌地使用各种色彩，同样会受到色彩技术实现的约束。例如，虽然双色注塑技术已经发展起来，在印刷中可以轻易实现的渐变色彩，目前在注塑产品中还是很难实现。一些材料，也因为目前还没有合适的着色工艺，或者工艺复杂，而一直保持较为单一的色彩模式，如碳纤维类的材质着色等。此外，产品用色方案也是紧密结合表面处理工艺的，因此只有色彩、材料、表面装饰工艺的共同作用，才能实现产品色彩的最终方案，如图7-9所示。所以，技术的因素，对产品的色彩设计实现具有举足轻重的影响作用。

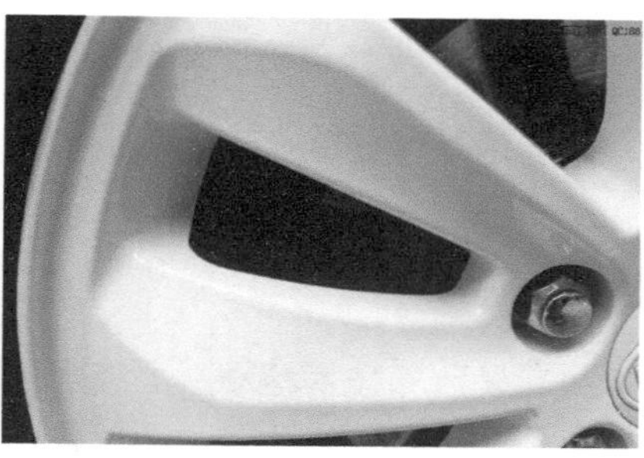

图7-9　CMF综合表现

7. 色彩标准的因素

色彩标准的产生是建立在颜色表示与分类、颜色管理和控制、颜色测量和配色、颜色心理和生理科学广泛应用以及相关技术要求渐趋细化和标准化基础上的。目的是提高色彩设计、生产、制造之间的协调发展。国外很早就确立起了一些色彩标准作为产品色彩设计与交流的依托。美国光学研究会基于美术教育家蒙赛尔1905年所发表的表色体系，于1943年发表了《修整蒙赛尔色彩体系》；20世纪初曾获得诺贝尔化学奖的德国科学家奥斯瓦尔德发布了以其名字命名的色立体；日本也在20世纪中叶由小林重顺领导的日本色彩研究所发表了自己的PCCS色彩体系；源于瑞典的斯堪的那维亚研究所于1979年完成了自然色彩体系（简称NCS），这些都是世界范围内被广泛使用的色彩标准。国际知名色彩企业Pantone公司，为各类企业提供的标准色卡就是作为颜料生产企业、产品制造企业、设计企业之间用来色彩交流与对照的标准。

国内的颜色标转化技术委员会、中国流行色彩研究协会等，也致力于我国色彩标准的研究，如“中国颜色体系”等重大基础性国家标准；“颜色的表示方法”等重要方法标准和部分颜色产品国家标准。为我国的颜色标准体系，颜色标准化工作做出了积极贡献。同样许多国内企业在产品色彩体系研究中积极建立与行业、企业内部相关的行业色彩标准、企业内部色彩标准等，例如我国牧羊集团就通过建立标准色彩样库的形式为产品的开发提供依据。所以，概括起来，色彩标准包含以下几个方面。

一是限定性的标准色彩。例如，“国旗”“国徽”等重要强制性国家标准，以及如消防、军队等行业限定性的色彩标准，和企业标志、企业形象等相对稳定的色彩标准等，此类色彩在设计、生产、传播中，代表着统一、稳定的形象，不能改变，使企业色彩在视觉上产生强烈的“家族化”。

二是色彩技术标准。如颜色的CMYK、RGB、LAB的色彩表示方法等，有了这些技术标准，也使得不同企业之间的色彩传递得以准确地实施。如企业之间、企业内外各部门之间色彩交流专用的标准色卡，是科研、生产、交换和使用的重要技术依据。

三是为了提高生产效率，协调各类企业之间色彩沟通时参考的色彩标准——标准色卡。

四是设计参考性的色彩标准，如各种色彩体系、色彩情感体系、企业产品色系等。

在提炼色彩标准时，要把握简化、统一化、系列化、通用化、组合化的标准化形式。简化是在一定范围内缩减对象事物的类型数目，使之在既定时间内足以满足一般性需要的标准化形式。统一化是着眼于取得一致性，即从个性中提炼共性。例如把两种以上的色彩归并为一种。系列化是指通过在两种以上的同类产品中，进行标准化的一种形式。用统一的产品构成元素，如色彩、功能模块等等，使某一类产品系统的结构优化、功能最佳的标准化形式。通用化是指在互相独立的系统中，选择和确定具有功能互换性或尺寸互换性的子系统或功能单元的标准化形式。组合化是按照标准化原则，设计并制造出若干组通用性较强的单元，根据需要拼合成不同用途的物品的标准化形式。

所以说，在纷繁无尽的色彩中，利用标准化来约束色彩并不是限定了色彩设计的自由性，而是提高色彩设计的效率、色彩实现的效率，同时也能产生标准划一的色彩形象，突出企业形象的易识别、易记忆的特性。

第八章 产品色彩设计通用范式

一 产品色彩定位

产品色彩定位是一个极其复杂的过程，它不仅要满足产品自身的需求，同时也要满足市场、用户、文化、标准、技术以及企业利益、形象塑造等的需求。产品色彩定位会通过色彩设计来最大程度地满足产品受众需求，引起目标群体的注意，实现最终购买决策。色彩定位与产品受众的文化背景是紧密结合的，从营销学的角度出发，根据品牌的发展阶段，市场定位可以分为“初次定位、重新定位、回避性定位、避强定位、对抗性定位”等，根据这些定位，来确定色彩定位的基本策略。基于用户需求的色彩定位，则是对产品目标群体的细分决定产品色彩定位。比如不同年龄与性别、不同的国家与民族、不同的文化与职业以及产品的使用对象是公共社会还是私人群体等，这将都是影响产品色彩定位的重要因素。产品色彩定位的准确与否，直接决定了该产品上市后的市场效果。充分的研究，既要考虑各种市场细分后目标群体的影响因素，又要获得目标市场上各种竞品的色彩特征、技术工艺特征，以及热卖的趋势及产生的原因，包括了价格定位、营销手段、服务情况、产品品质等。在这些影响因素之下，产品色彩定位的过程应是一个系统的战略，包含品牌阶段分析、规划与实施的过程，然后再针对目标利用艺术设计处理手法，使产品在色彩美感的基础上，突显与众不同的特质，从而达到易识别、易记忆的效果。

不同产品特点所对应的色彩策略不同，一般的新产品色彩策略跟随市场潮流，细节改良，呈现细微差异。

（1）品牌产品　色彩形象塑造策略，技术性强的新产品可采用与市场趋势以及竞争产品“对峙性”的色彩定位策略，人有我有的产品可采用与市场趋势以及竞争产品“回避性”的色彩定位策略。

（2）创新类产品　在色彩创新策略的主导下考虑色彩形象塑造，塑造品牌特征。

（3）名牌企业的知名品牌产品　因其具有忠实的用户群，采取色彩体验策略，能够更加准确地推出新产品的色彩方案，引领市场潮流。

关于如何有效地进行色彩定位，一些设计师、管理者总结了有关色彩定位的原则，如“准确性、适应性、独特性、长期性与一致性”等。在定位方法上也多采用如何根据产品属性的定位、消费者的定位、企业整体形象的定位、流行时尚的定位、竞争对手的定位等来进行产品色彩定位。这些实施产品色彩定位方法、设计原则的目标，也充分表明产品色彩定位在产品商业化开发中，起到了决定性的作用。

二　灵感来源：返回自然

色彩设计的起始阶段，思维是发散的，人们通过发散思维获取各种色彩方案，然后通过设计输入的约束，设计师自我心中方案淘汰的形式进行收敛，获得可行的方案，然后通过多方评价获得最终方案，优化后进入后期步骤。

如何产生灵感？色彩设计的思维至关重要。有研究将各种思维的产生归类为：源自自然的色彩设计思维模式、通过转换获取色彩设计方案思维模式、通过移植获取色彩设计方案思维模式、运用色彩配色获得产品的系列化色彩设计方案模式等。其中，第一个是源自自然而产生的灵感，后面三者可以视为源自案例的色彩设计方法。

人对色彩美的认知、审美都是自然而然地形成于周围的环境。所以返回自然，重新思考最初的感觉，是色彩设计灵感产生的一大源泉。自然界的色彩，创造的美感是无限的。生活中环境、物、情景自然而然地形成色彩的美感。在这些美感来源的线索当中，可以呈现很多设计的灵感，想象出新的“色彩世界”——产品色彩新方案。如设计案例“手袋、背包色彩设计”。

设计案例 手袋、背包色彩设计思维的产生——返回自然

“手袋、背包色彩设计”是笔者在《产品色彩设计》课堂上引导学生完成的一些作品，旨在培养学生的色彩设计思维、色彩概念的生成，色彩表现，以及色彩情感的提炼、传达。

作品材料准备：废旧杂志、白卡（36cm×36cm）、胶水、马克笔等绘画工具。

设计目标：自选或设计一款手袋、背包，完成色彩方案，或系列化的色彩方案。

表现要求：色彩方案命名，色彩故事说明，作品版式设计表达具有统一性，不少于三个色彩方案。

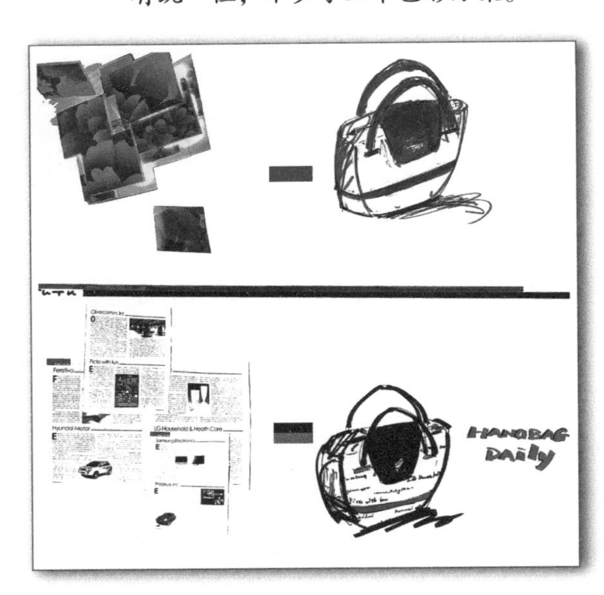

花之映像：
每一朵吸引人的花朵都会在人心底留下最深刻的印象，偶然发现一朵红紫色间透露着白色的花，再也舍不得放下于是，这一款红紫色的女士手提包出现了。

每日手袋之报纸专版：
当报纸印上你的手提包，发生了奇特的现象，每个人都想尝试着从你的包上发现些什么，多么有趣的现象，原来报纸也是美丽的化身。

The material is artificial leather
The form is from the nature flower
All the colors come from the nature.some from the flowers some from thr terr or grass.

汇聚中国传统文化，结合时尚流行品味与文化，以扇为形，饰以中国古典绘画，凸显个人品位，传统高雅。

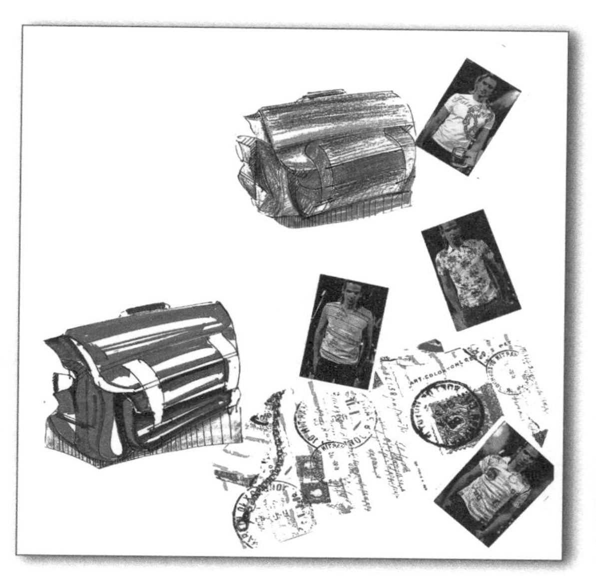

设计说明：

从一些比较沉稳的红色调中提炼出所需要的色彩和设计元素从而点明设计对象，包的设计和色彩的对比协调，烘托出男士的一种语言。沉稳，健壮，将非主流的设计元素融入到主流的设计中去，运用得体会形成非常好的效果，犹如绘画大师将对比色运用得淋漓尽致。

设计说明：

设计灵感来自跑车外观及跑车喷漆，以几何外观作为男士包的主题元素，以线条为主题外观，简单、大方，并将车的流线形加入设计。

设计说明：

穿越沙漠，穿越丛林，我从大自然走来，带着上帝恩赐的天然、浪漫、静谧、穿越古老的药香，穿越悠扬的琴声，穿越那美丽的画卷，我从那个年代走来，带着五千年沉淀的深蕴，典雅，高贵自然与文化交织融合，装扮古香古色纯美自然的你。

设计说明：

包包的设计灵感主要来源于旗袍的样式，旗袍给人一种高贵典雅的感觉，而颜色采用的是整体的红色加上黑色的印花和黑色边，给人一种大气高贵的感觉，中国画加印花加上旗袍的样式更加突出了包包的古典和雅致。

设计说明：

个性、率直的街头牛仔，无处不释放出青春的激情与活力，蓝色牛仔配上红色皮革，采用80%蓝色调配上20%红色调，将对比融合协调，不同材质的碰撞突显霸气张扬，创造属于年轻人自己的牛仔部落。

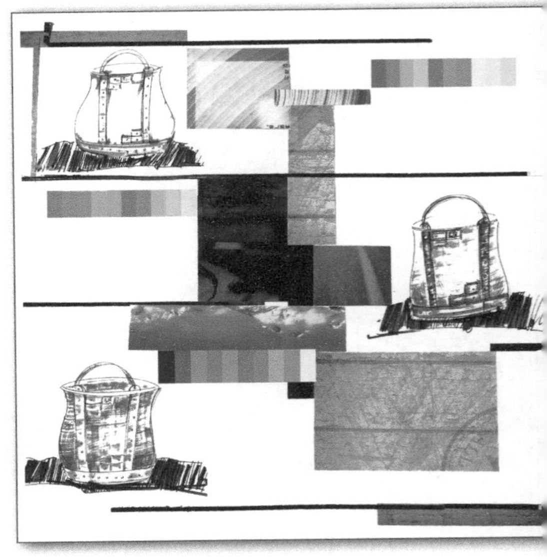

设计说明：

黄亮的木材纹理作为时尚包包的骨架诉说着大自然的气息，加上透明塑料软质衣，使之时尚清新，又不失女性的刚强。

黄昏时分，阳光透出一天中最后的光辉，浪漫又那么神奇，以暗黄的材质作包的骨架，以土黄色作为包的外衣，相信会带给你夕阳西下的浪漫柔和

大众系的蓝色牛仔，是当今的时尚代表，它与自然纹理的木材合理相加，点缀金属钉装饰，使之整体原始，而不失时尚。

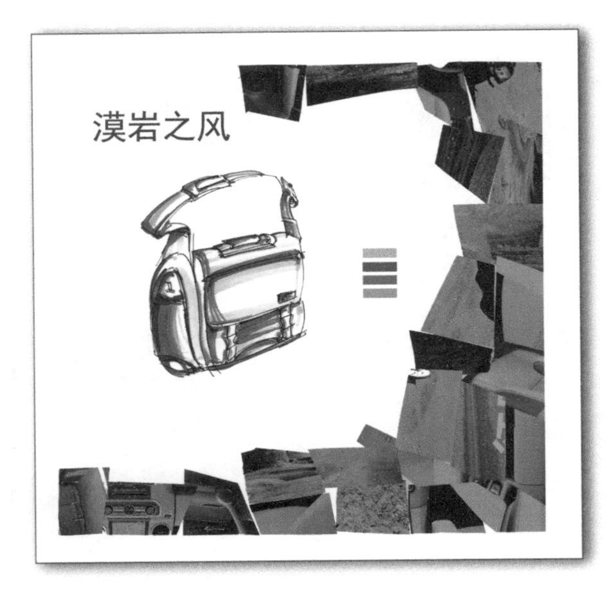

设计说明：

漠岩之风取自沙黄色与深褐色，拥有沙漠的大气和浩渺，整个背包显得温暖但又不失豪气成熟。

设计说明：

This summer! 做个别样少女，创造属于你的那份夏日的清凉和酷爽。

蔓空·语
初生的蔓
激蓝的天空
已有许久未曾去关心
那蝉音 曾记否
那年蔓空低哑的
私语

设计说明：
旅游、运动已是现代生活中越来越普遍的活动，上面设计的两款包就是从旅游运动出发设计的，包的设计更加人性，背带方便，颜色选用深蓝或藏蓝作为主色调，黄色为辅色调，搭配起来更加具有活力，更适于年轻人的品位。

藤地·生
树藤破地而出
根茎深扎着土地
地无根
藤无茎
白驹过隙
地大藤生
地裂藤亡

黛云·蜚
黛青色的夜幕
飘着几抹薄云
流动着
映衬中偶尔
蜚蜚私语一番
似乎在感叹人生悲欢

设计说明：

此款包包在颜色上主要是以黄色为主打色。将明黄色的尊贵气质彰显得淋漓尽致，让包包具有自己独特的气息。

设计说明：

此款包包以绿色为主打色，碧绿色清澈明亮，更能彰显出产品的清新特点。

设计说明：

此款包包的设计简洁大方，主要是在颜色上进行了变化，以葡萄酒红的深沉，优雅来彰显产品的独特气质，让搭配此色的人更显浪漫情调。

设计说明：

此款包包的主打色为蓝色，宝蓝色的冷艳，让携带此色包包的人看上去更知性美。

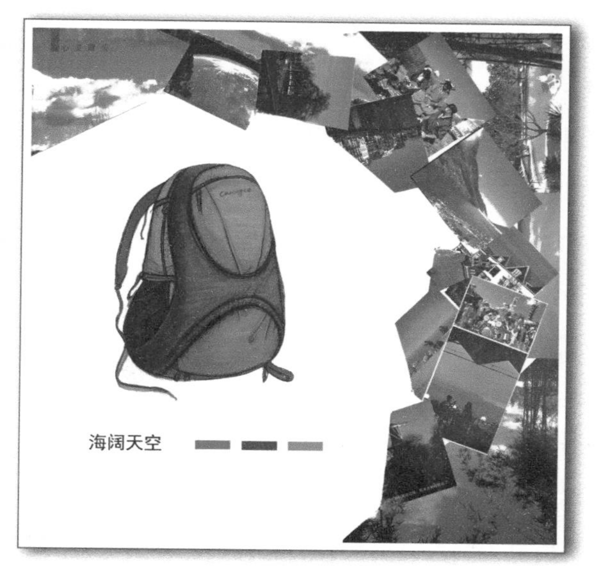

设计说明：
在现在的城市中，到处都弥漫的是工业气息，雾霾覆盖了整座城市，抬头看到的不再是蓝天白云浮燥的我们，需要带上我们的旅行包，走出这繁华闹市，去感受海阔天空的自由。

设计说明：
人生只有走出来的美丽，没有想出来的辉煌，一生中一定要有一次这样的旅行，当某处风景突然闯入你心里，你应该不假思索地买了奔向它的票，背上旅行包，走进大草原，闭上眼睛去感受大自然中的奇妙。

三 源于案例

产品配色时，设计师依照现有的案例和以往的经验，赋予新产品色彩搭配。基于案例设计的核心思想就是利用先前的经验和现有的案例完成新的方案。基于案例的设计实际上是用设计方法论总结了设计师设计时的认知过程、设计思维形成过程，也是将设计研究所获取的信息，尤其是感性信息转化或映射到产品方案的过程。探讨案例知识（case knowledge）、基于案例推理（case-based reasoning，CBR）以及基于案例设计（case-based design，CBD）等方法，其目的就是将设计中许多模糊的信息，通过案例，找到设计方案合理的依据，有理有据地证明设计方案是可行的。对色彩设计来说，基于案例的色彩设计可以将主客观的色彩因素权衡，获得合理的色彩方案。

源自案例的色彩设计思维模式同样可以用“接近律、相似律和对比律”来产生新的产品色彩方案。在具体实施中，主要有以下环节。

（1）案例提取（case retrieve） 目前常用的方法是从网络调研、市场调研以及长期积累而形成的案例库中获取与目标“最相邻”的实例。

（2）案例修改（case revise） 分析设计目标、设计输入，借鉴所提取案例的色彩信息，运用色彩设计方法完成新的设计方案。

（3）案例存储（case retain） 将完成的设计方案，定义色彩语义或色彩情景，存储到案例库中，以备后期设计参照。

例如材质混搭的设计案例效果可以让设计师产生许多色彩灵感。产品色彩的美感实质上是建立在色彩的搭配组合关系上，但这并不仅仅限定为色彩色相的搭配。质感搭配也是色彩美感产生的一部分。材质混搭的设计手法被广泛应用到了服装设计、产品设计以及建筑设计、室内设计、景观设计，可以说是无处不在的设计表现手法。在产品设计领域，材质搭配会使产品在同一形态下展现出不同的风格、品质、满足不同消费者的个性化需求，如哈苏Lunar无反光板可更换镜头相机产品，如图8-1所示。一款款名为Lunar（月球）的产品拥有绝对抢眼的外观设计，整体上采用高质感的铝制金属机身，并搭配黑、银或钛金属色碳纤维材质，木制手柄提供山毛榉、橄榄树、梨树或红木四种材质选择。整体上感觉相当奢华，这个特点倒是非常符合哈苏产品的定位。

图8-1 哈苏Lunar无反光板可更换镜头相机产品

同样也可以是不同形态的产品，用材质搭配的一致性，再加上工艺的技术效果，会更加突显出品牌显著的一致性和产品系列化的一致性，如图8-2所示。

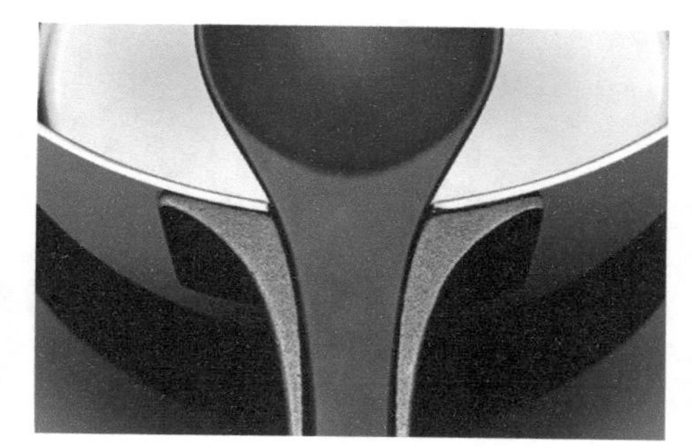

图8-2　产品色彩、材质

四　轮回：色彩开发周期

产品色彩会受到流行趋势的影响，也会影响流行趋势。一旦消费者出现从众的行为，则意味着产品符合趋势潮流而热销。虽然不同级别的产品，色彩定位的策略有所不同，但对绝大多数产品来说，流行色是商业竞争所必须的手段，不论该产品是跟随潮流，适应消费，还是引导潮流，促进消费。

如前所述，流行是相对的，以新代旧的过程，此起彼伏，呈现周期性的、轮回发展变化的必然性。

色彩的流行趋势在服装中表现得最为明显，如果简单的定义服装流行色彩的色相，那么，不难发现，流行色彩的色域由红色域逐渐过渡到绿色域，又慢慢地过渡到红色域，虽然不能在色彩轮回中，保持一样的周期和频率，但是这种轮回往复的变化始终不断前行。因此，一些设计机构或企业，在色彩趋势的预测或决策时，也会考虑色彩轮回发展的特性，如图8-3所示。

图8-3 色彩流行趋势的周而复始

产品色彩的流行性虽然并不像服装那样具有显著的趋势性和快速转换性，但产品色彩流行的周期变化会因产品自身的属性特点，而保持不同的周期长短。不管是跟随趋势，还是引领趋势的商品用色，都极其易于获取消费者的青睐，并且与相同质量、规格、款式但色彩过时的商品相比，能获得巨大的销售利益，如手机的色彩流行趋势演变（图8-4～图8-6）。

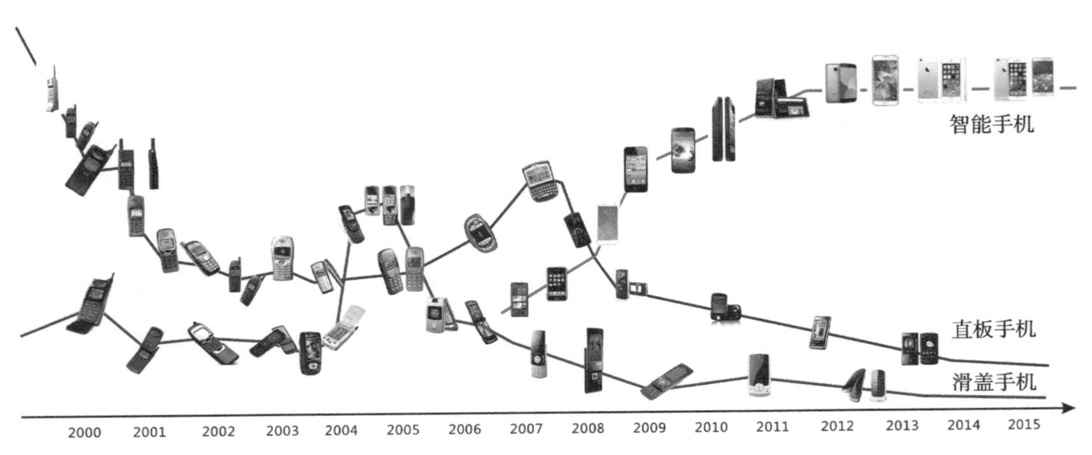

图8-4 手机的演变

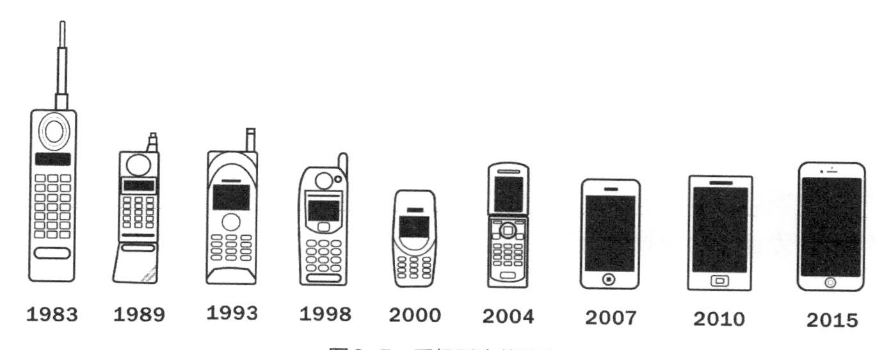

图8-5　手机形态的演变

手机颜色变化趋势：单一→多色→单一

图8-6　手机色彩演变趋势

手机主体色彩由最初的黑白灰的单一性，逐渐变化为满足用户需求的差异化设计——多彩设计，正当这种多彩设计越来越受到受众喜欢时，iPhone智能手机的问世，以其极简的造型和黑白素雅的色彩形象，突显了智能手机受触屏人机交互的魅力。洁净的、雅致的黑白主体色彩，恰恰衬托出手机触摸屏丰富多彩的界面设计。这种色彩风格很快地扭转了人们对多彩手机的喜好趋势，突转为“黑、白、银、金”为主的中性色系。

五 需求等级：为目标用户设计

将目标用户通过市场细分、研究获得更加精确的群体需求，以适应当前细分的市场需求。无论按年龄、性别、文化层次还是目标群体特质，为目标用户设计更可以说是为需求等级划分。有关人的需求等级研究的著名学者是美国社会心理学家、人格理论家和比较心理学家亚伯拉罕·马斯洛（Abraham Harold Maslow，1908～1970年），他在1943年发表的《人类动机的理论》(A Theory of Human Motivation Psychological Review）一书中提出了需要层次论。并将人的需求分成生理需求、安全需求、社会需求、尊重需求和自我实现需求五类，依次由较低层次到较高层次（Z理论），而在后期的研究中，又将自我超越的需求列入了第六层次，如图8-7所示。马斯洛需求层次理论被应用到了多种领域，无论其他学者对该理论是积极评价还是消极评价，马斯洛提出的需要是由低级向高级发展的趋势是无可置疑的，并对设计领域有着积极的指导作用。

例如，儿童产品的色彩会采用高纯度的色彩，正是满足了儿童眼睛视神经发育不成熟的生理需求。而相对贵重的产品，便宜的产品染成越出常规的颜色更易于被人接受。相对使用寿命长的产品来说，使用寿命短的产品染成越出常规的颜色更易于被人接受。然而与个人密切相关的产品使用越出常规的颜色不易被人接受；与个人无关的产品使用任何颜

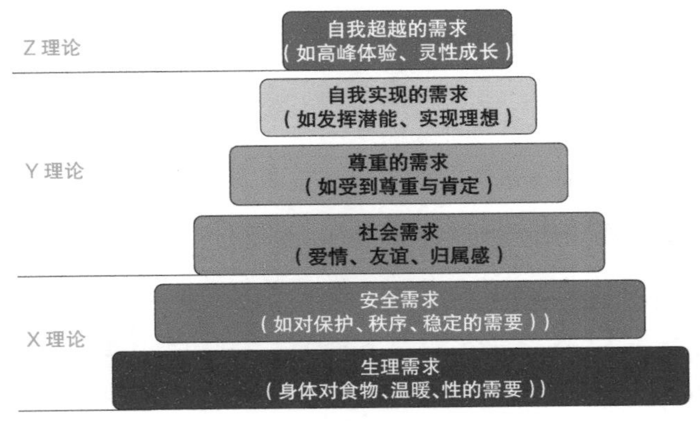

图8-7　马斯洛的需求理论

色都是可以容忍的。由此看来，目标用户的不同，需求不同，这也意味着为目标用户设计将产品色彩的需求划为不同的级别与类别，无论哪种产品的色彩设计定位，都应为目标用户而设计，即便是公共产品的色彩。

图8-8～图8-10所示的案例中，各产品的色彩定位清楚地展现了其方案是满足生理上的需要（图8-8）、安全上的需要（图8-9）还是感情上的需要或是尊重的需要（图8-10）。然而针对马斯洛需求层次中的“自我实现的需求”或是“超越自我的需求”这一层次，对任何一个产品来说，理解各不相同，甚至也很难通过视觉表现与传达来解决这一层次的需求，这一层次对物质的需求极其弱化，但也并不仅指廉价，而是关注产品中隐含的、多样的、异样的信息。

图8-8　儿童产品用色

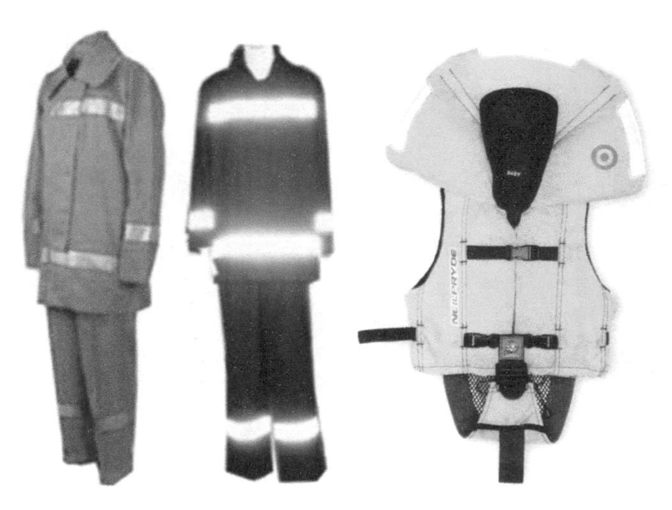

图8-9　安全的色彩

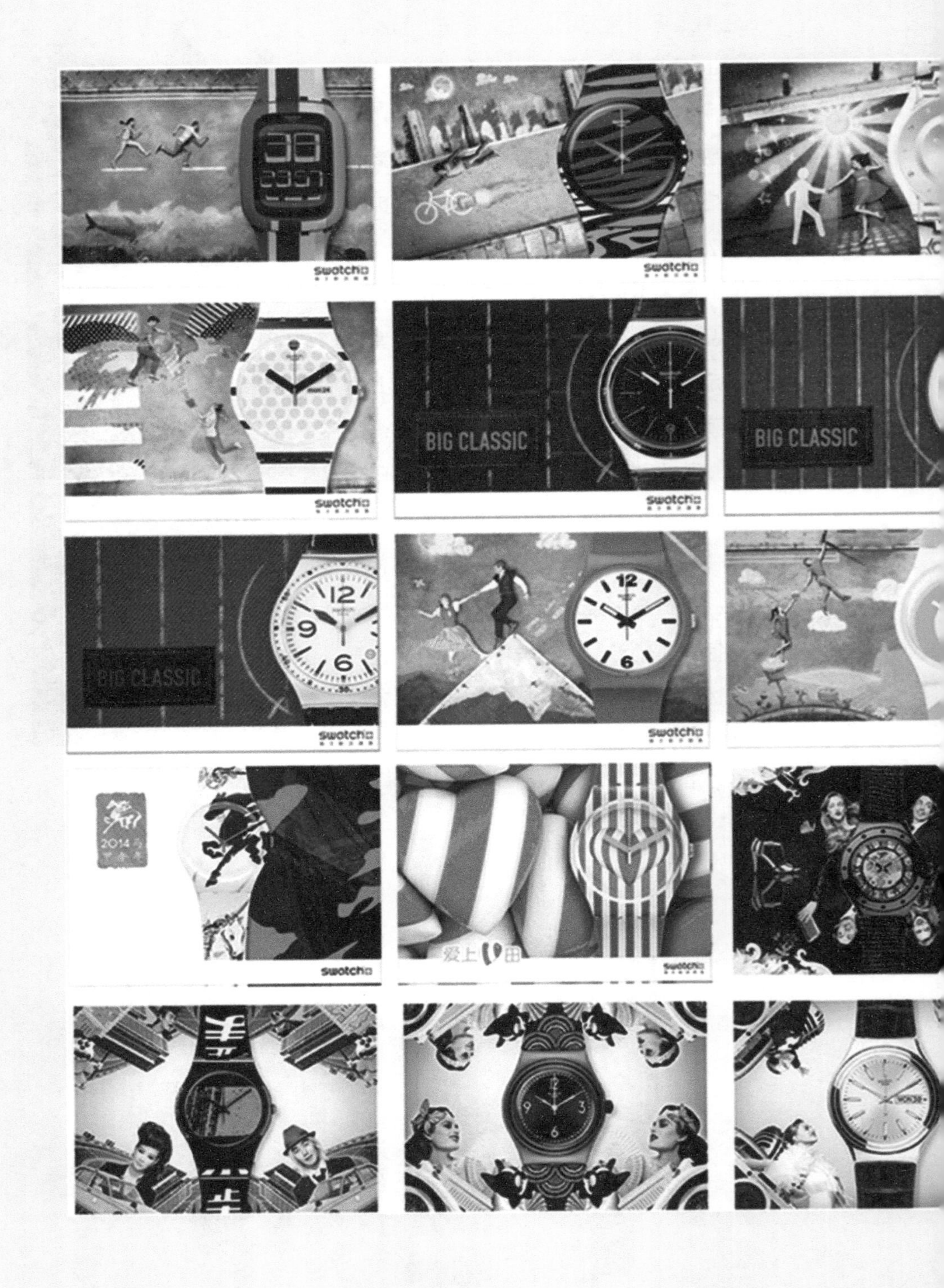
swatch
swatch
swatch
BIG CLASSIC
swatch
BIG CLASSIC
BIG CLASSIC
swatch
swatch
2014
swatch
爱上
swatch

图8-10　不同目标用户的手表色彩

六 需求等级：约束、成本效益、满足即可

“为目标用户设计”的色彩定位注重以用户需求等级来划分，注重目标群体的心理需求的差异。然而产品色彩设计是一个系统的设计，目标群体的定位与细分最终反映到产品当中，并以其产品化的可行性、商业化的成功性为主要实施的手段。在这一系统设计中，生产工艺约束、材质约束、成本效益约束等，无不成为产品色彩定位的关键因素。

市场营销学中的“等级营销”定义为：企业根据市场需求生产不同等级的产品，且制订与不同消费者需求及其行为相适合的系列营销策略，有效地开展营销活动。结合产品需求量和消费者收入，把产品分成等级，高档的产品更加注重产品的品质、名牌效应与服务质量，而中低档产品则突出产品的高性价比以获取更多群体的购买。

图8-11 满足公共场所使用的健身器材色彩与材质设计

对企业来说，等级营销的运用使企业能够更加合理地利用各种资源，形成企业经营特色，全方位服务目标群体。其中的产品设计策略则是根据产品的档次定位，实施适当的产品形象设计、品牌、包装策略。如前所述，产品色彩作为品牌产品形象设计中的重要组成部分，设计时通过与产品功能、造型、材料、工艺的结合，直接映射出目标群体的喜好特征、文化背景，构筑被消费者普遍认同的良好的品牌形象。这样，不同等级的产品色彩定位并不需要一味地追求流行或是高端用户，而是平衡各种约束，对目标群体的需求满足即可。例如，公共社区中使用的健身器械，面向的是广大社会群体，满足其基本的健身娱乐需求，要求结实耐用，成本低、适用面广。因此其造型设计简洁，用色以简单醒目

图8-12 满足私用场所使用的健身器材色彩与材质设计

为主，实施工艺简单，如图8-11所示。而家庭用的健身器械，造型考究，色彩定位趋于个性化的需求，工艺制作精细，充分展现产品的档次和目标用户的品位需求，如图8-12所示。从这两类的产品用色来看，当人们需要在户外用公共健身器械锻炼时，并不会在意其用色，因此，无论这些公共设施采用什么颜色，都不会引起使用者的关注，而对家庭健身器械来说，每一位购买者在购买时，都会对色彩精挑细选。这一理论对公共空间、公用用品的色彩定位同样适用，如图8-13和图8-14所示。

图8-13　满足儿童群体需求的空间色彩设计

图8-14　“上海大道”保温餐车设计

设计案例 轻质保温餐车设计

客户名称：上海大道包装隔热材料有限公司

设计任务：市场调研、产品设计、工程化设计

企业形象

上海大道包装隔热材料有限公司是新加坡大道工业集团在华的子公司之一，成立于1993年，位于高速发展的上海浦东新区。公司依托技术优势生产发泡聚苯乙烯包装材料和隔热材料。可广泛应用于中央空调风管，设备管道保温，外墙保温，地热保温，路基等领域生产各类防护包装以及汽车、儿童座椅等缓冲材料的零部件生产，目前已发展成为国内最大的发泡聚苯乙烯包装材料和隔热材料生产厂家。

企业色彩形象——友好、环保

设计研究

现有产品分析：

功能突出、色彩单一，多以红、蓝、灰等常用主，无差异化设计，缺少与航空公司相匹配的品形象。细节设计薄弱，不能突出产品品质。

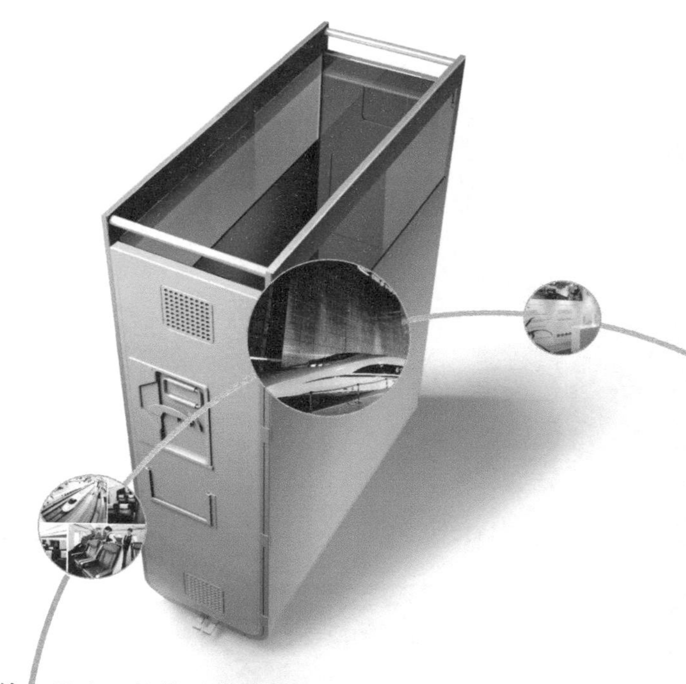

项目简介

保温餐车广泛应用在航空、高铁、医院、便携送餐等领域。项目开发以航空餐车设计为目标，完成大道保温餐车设计，包括市场调研、产品造型设计、模型制作、工程化设计及其相关的加工厂家对接、核算成本。

使用场景分析：

整洁、舒适、雅致、品质、服务，航空公司形象具有明显的差异化，高铁系统形象统一。

色彩意象生成：

人机、舒适、品质、精致、高档、色彩形象平衡产品自身品牌与服务企业形象。

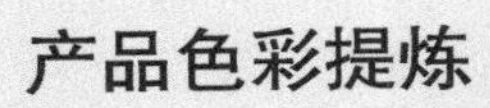

产品色彩提炼

◄ 泥土芳香

◄ 初春气息

◄ 盛夏凉意

产品色彩提炼

保温餐车的主体色选择了金属材质色系——灰色。色彩定位实际上是以塑造用户形象为出发点的，如红色+灰色或者蓝色+灰色，塑造高铁以及不同航空公司的形象。作为“上海大道包装隔热材料有限公司”的产品来说，该产品色彩采用了与企业标志色彩相呼应的绿色，显现出企业形象中，生态环保、持续发展、茁壮成长的含义。

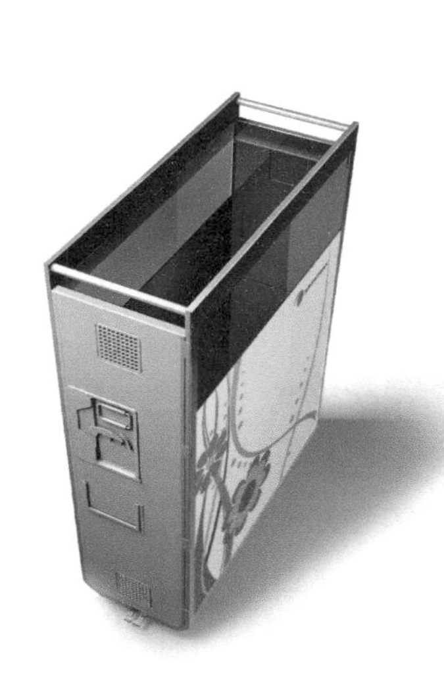

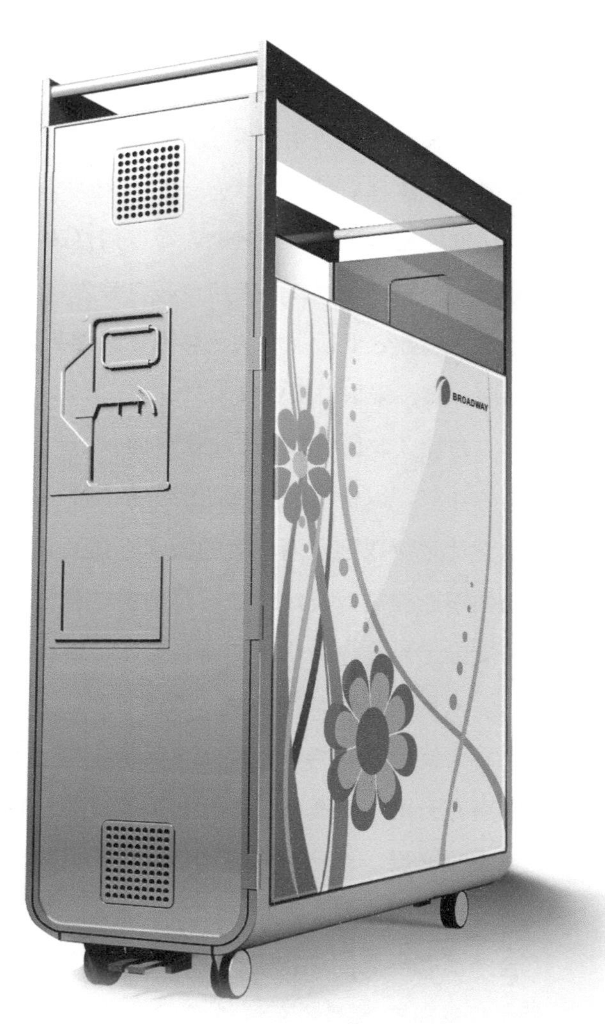

七 安全落地：灵活性+折中性

“安全落地”是指实现了产品落地（登陆市场环节）。之所以强调产品安全落地，是因为，一个设计转化为商品的概率极低，更不要说该商品成功获得市场认可了。产品设计的目的是使想法能够转化成商品满足人们的需求。企业生产商品是为了获得利润，持续获得利润的方法之一是不断开发满足用户需求的新产品。在这种持续不断地往复过程中，便形成了产品的生命周期。虽然周期的长短不同，但所有的产品生命周期可以分为初生期、成长期、稳定期、成熟期、过熟期和衰退期。在不同的产品阶段，产品的色彩设计策略迥然不同。在营销学中，按照产品发展阶段的色彩设计策略非常明确地指出：“在初生期和成长期，配色主要突出产品的功能性特点，形象要明晰，易于接受辨认，这样有助于扩大产品的认知度。在成熟期和衰退期，色彩设计采取挖掘市场潜力的策略，可以用修改色彩体系的方式延长产品线。如增加色彩设计方案、采用流行色等方式。”所以，新研发的产品安全落地，多数企业所采取的色彩设计策略具有“灵活性”；在方案的决策当中，更多采取“折中性”。

为什么改良色彩颇受企业欢迎？

当前，以价值为基础的经济条件下，在产品创新中通过施加不同的设计定位以迎合消费者的需求来提高企业的竞争力。面对技术、市场的不断变革以及产品流行趋势的往复性、多元性变化，产品色彩创新实际上是在权衡产品创新色彩与传统色彩之间的关系，如表8-1所示。从创新管理角度出发，表述了产品色彩创新设计不同定位与传统色彩之间关系和特点，但在实际操作中，无论是选择哪一种色彩都必须有充分的研究基础。建立长期的、系统性的色彩研究管理体系就显得十分必要。产品色彩设计从色彩研究展开，从人对色彩的感性知觉和心理效果出发，用科学的分析方法，按照色彩规律和造型法则去组合产品各要素间的相互关系，创造出美的、理想的产品色彩效果，建立色彩研究管理的系统性是保证产品安全落地各个环节实施的可靠基础。

表8-1 产品色彩创新设计与传统色彩的关系

色彩选择	界定	特点
传统色彩	产品原有、惯用、久经面市的色系	易被人接受，但是缺乏新颖感，视觉审美疲劳已逐渐增强，难以实现销售上的突破性发展
改良色彩	沿袭产品传统色系，在传统色彩的基础上，使用和增添新的色彩元素，增强新颖性	满足大众求新的审美需求，容易被人接受，销售业绩实现平稳上升；多在行业性色彩要求较重的领域内采用
突破性色彩	完全打破传统色彩的设计，大胆尝试新色彩	视觉效果极强，易吸引大众视线，极易引起人们的注意同时增强记忆，带来销售业绩的突变（突增或突降）

八 品牌一致性

色彩在产品视觉中的吸引力占到了60%以上，是企业品牌形象战略的核心。产品作为传播品牌形象的媒介，对用户的感知是最直接的。尤其是同一品牌下的产品系不唯一时，各产品系中的色彩一致性是塑造产品形象，增强消费者统一感知、记忆的配色方法。不同产品系之间，也应贯穿品牌色彩中的一致性元素，寻找统一与变换之间的平衡关系。如图8-15所示奥迪汽车、宝马汽车、奔驰汽车中级轿车不同产品系的用色。由于产品系目标群体的细微差异，不同系之间的产品用色也存在着差异，但是对不同产品，依然会感觉到奥迪品牌之间用色的一致性，隐隐地塑造着奥迪汽车的品牌色彩形象。同样在宝马品牌旗下，不同的产品系之间也存在一致的、统一的元素，同时也存在着差异。如果对比两种品牌下价位空间基本相同的产品，从产品配色上，能看出什么微妙？每一车系都在描述或是刻画它们的目标群体的特征。

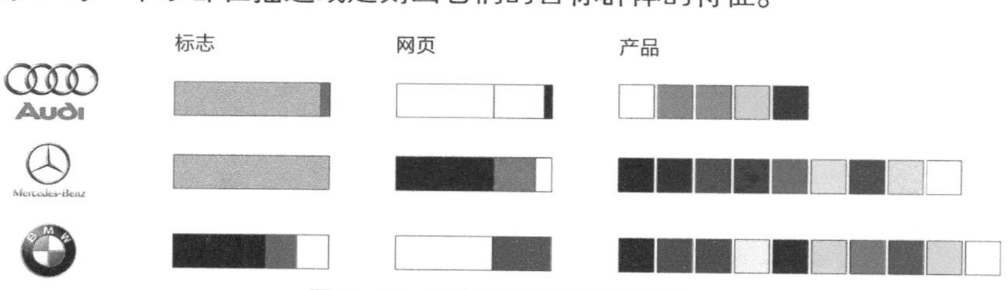

图8-15 汽车知名品牌色彩形象

对品牌色彩一致性来说，并非指其所有用色一成不变，而是应该在一定的时期内，根据市场动态的需求而产生变化，但品牌下的产品应在同一时期内具有一致性的设计效果，以符合产品统一的形象。为了精准定位色彩，企业公司内部的色彩研究室、色彩研究中心等，经常通过大量的研究、统计来为企业产品色彩设计提供服务和指导。如英国Global Color Research公司、荷兰Metropolitan BV公司、美国Pantone公司、日本立邦公司，中国的海尔、美的、格兰仕等，无不精心考虑色彩取胜，会将企业品牌形象与精确的流行色彩分析结合，开发出新产品的色彩范围以强化企业品牌，保证产品色彩设计始终与各自产品、品牌形象保持一定的关联性和持续性，通过色彩设计使品牌下面的产品色彩虽然用色是不同的，也是变化的，但仍然保持一种品牌一致的设计效果，以实现从颜料、材料、设计到产品乃至最后商品的实现。西门子、三星、LG、海尔、格力、海信、美的、TCL的冰箱用色及其品牌色彩形象的差异，如图8-16所示。

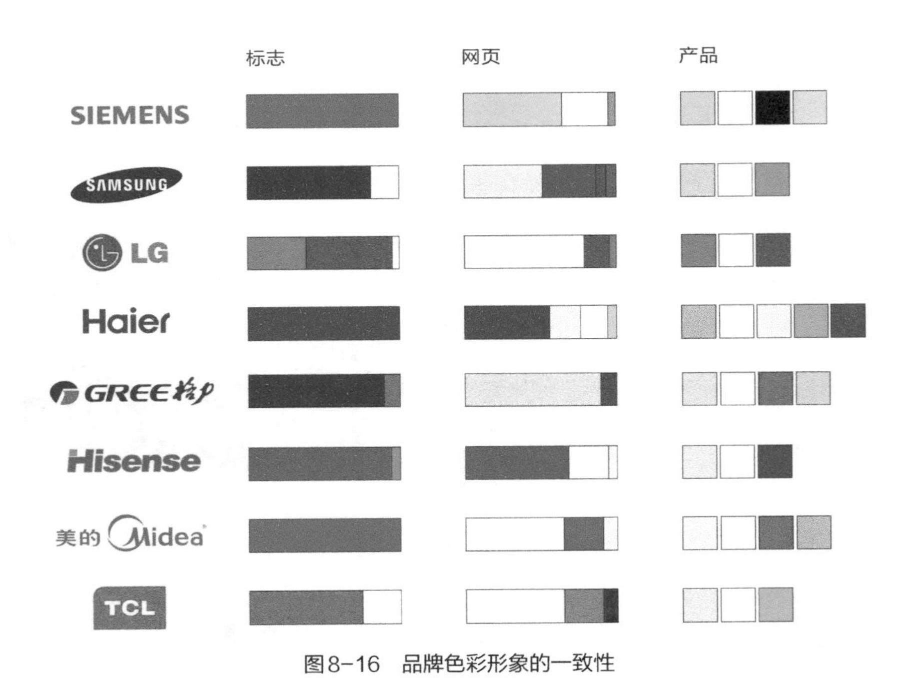

图8-16 品牌色彩形象的一致性

把握品牌色彩一致性的原则可以采用：色相一致、明度一致、色调一致、彩度一致，以及用色面积与配色组合形式的一致或相似，材质一致或相似等，都可以实现品牌色彩一致性表现。如图8-17～图8-18所示为莱卡和宾得照相机色彩形象。莱卡相机一贯坚持的中性色，精准地再现了其品牌特色。当其在特殊时间段，推出高彩配色方案时，其用色的面积与配色组合形式同时以彩色著称的宾得照相机用色方式截然不同。

图8-17　莱卡照相机的色彩形象

图8-18　宾得照相机的色彩形象

九　品牌色彩形象持续性

“品牌”形成过程中，通过产品、服务、广告、包装、标识来向目标受众传达企业信息、品牌文化、价值等内在的、隐含的信息，当品牌存在稳定的消费群体之后，品牌形象在这些目标受众心中便建立起来。为了稳定消费者心目中的印象、辨识度，有关产品品牌形象的构成要素在一定时期内保持不变。虽然不能说品牌构成要素一直保持不变，但是，产品色彩作为产品视觉形象中的核心元素，一段时期内的持续性有助于提高品牌的认知性、记忆性。如IBM电脑笔记本，给人留下的品牌印象，似乎从不会被流行所干扰，从而也在计算机行业独树一帜。

品牌色彩形象持续性的前提是一段时期内，不会因为技术的发展而改变，如我国古代的黄色，因为制作工艺的难度和文化背景，只能作为皇家专属的色彩。“黄色”作为皇家的色彩形象，在我国持续了很久。而今天，黄色已经走向大众。

对新推出的产品来说，产品色彩定位是一种对消费者印象与认知的长期累积，企业把产品投放到目标市场后，品牌色彩形象持续性就显得尤为重要。如ALESSI品牌，持续在产品上、产品包装上所采用的灰湖蓝色成为该品牌典型特征。所以确定的色彩关系，此时不宜变动，除非市场上有突发的刺激。否则，就会削弱产品品牌在消费者心目中的稳定性，并导致其他品牌侵入，影响消费者对该产品的感知和认同。

通常，产品根据其使用情况分为耐用品和快销品，对耐用品来说，一旦确立了企业与产品的色彩形象，就不应轻易地改变，即使改变也要采用有计划的、逐渐的方式来进行。而针对时尚性、流行性较强的快销品来说，则需要紧紧跟随产品色彩的流行进行适时地调整和改变，而且还要通过不同的色彩来形成系列化，以取悦不同色彩喜好的消费者。利用标识色彩的持续性是保持该类产品品牌形象识别的有效方法，如图8-19所示。

图8-19　ALESSI品牌色彩形象

十　“四易”法则：易识别，易读取，易记忆，易使用

在产品设计中，有一条法则“形式服从功能”，对色彩设计来说，色彩美也要服从色彩的功能。比如说，醒目的色彩红色带有警示的作用；绿色则表示正常工作、运转中。在一些工厂里，行吊的色彩多为红色，警示功能超过所有的色彩装饰美感。一些设备的操作界面，也同样以红色代表警示、停止，绿色代表工作中。一些产品由多种色彩搭配而成，并不是色彩搭配产生美感，而是在不同的色彩下面，意味着产品形态结构的组合，暗示着产品功能模块的划分，如操作界面与产品壳体，操作表示的色彩与背景色彩等就是为了突出易读取、易识别。然而这种“服从”并不是要因为突出色彩功能而丧失色彩的美感，而是需要用色彩设计技术实现美与功能的有机融合。“美观实用效应”不但不会降低美感，而且还会利用色彩表达，更加突出色彩功能性的一面。《设计法则》《表面实用性与内在实用性——表面实用性决定因素的实验解析》指出“人们会认为美观的设计更实用，许多实验都验证了这一效应”。

形式服从功能是设计的指导原则，并非一成不变的严格规则。设计决策中，取得成功为目标，专注全面的设计依旧是形式与功能的有机融合。因此，在产品配色中，用色的基本原则是使产品的属性、操作性等能够“易识别，易读取，易记忆，易使用”。

易识别是指产品色彩要鲜明，能够与产品的使用环境相适应，容易识别；易读取是指产品色彩的含义要明确，色系要统一，不能模糊不清；易记忆是指产品色彩的定义要明确，能够满足目标用户的感性需求，从而让其印象深刻；易使用是指产品色彩要与其功能相适应，具有明确的功能含义，如图8-20所示。

十一　传达、强调，色彩为先

色彩在产品表现中，能够传达多种信息，作用于受众的心理和生理。艳丽的色彩会让人产生活泼悦动的感觉，灰暗的色彩则会让人产

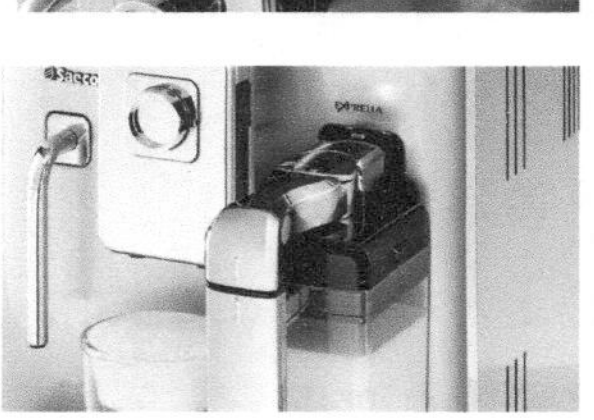

图8-20 飞利浦咖啡机

生沉稳、严肃的感觉。产品的形态、文字、图案都是以色彩区分，离不开色彩表达。色彩传达对产品视觉要素传达来说，是第一位的。产品的信息传达、强调应是“色彩为先”，也验证了我国民间流传的一句俗语“远看色、近看花”。

色彩传达的目的在于充分表现商品属性、企业的个性特征、功能等，同时加深消费者对产品的认知，并准确识别产品的各种信息。而“强调”则是说，如何通过色彩强调企业的个性特征和形象，如何在众多产品中，通过色彩突显出来，也包括如何通过产品形状与色彩的耦合关系强调产品中重要的信息，如标志、操作指示符、文字、信号等，如图8-21所示。

图8-21 飞利浦吸尘器

十二 极简风格

极简风格来自极简主义。密斯·凡·德罗在20世纪30年代提出的“少即是多”的观点，成为极简主义风格的源泉。圆形、方形、直线可以概括世界所有最美丽的型。从空旷洁净的美术馆、服装店，到秩序井然的家居空间，简洁化的设计去掉了一切冗余繁复的设计元素，就连色彩，刹那间也变为极简，灰、白、黑成为极简风格下的色彩趋势。这种中性色彩将简约的形态塑造得更加简练、单薄。而这种极简风格，以超简的外在形态，来衬托更加深邃、丰富的内涵，或是产品强大的功能。如苹果的iPhone、iPad、MacBook Air等。除了黑、白、灰中性色的运用之外，稍有装饰色彩的天然色彩与简约的造型，也是能达到极简风格，如天然原木色。极简风格产品如图8-22所示。

图8-22 极简风格产品

设计案例 极简风格——“艾多特”LED 照明系列

Adot家用LED照明灯具产品形象开发与设计

陕西艾多特照明有限公司（Adot Lighting Co.，Ltd.）致力于家用LED照明技术的开发和推广。LED区别于传统光源，小而且节能，并具有无限的创造空间。Adot以“创造经典、引领风尚”为宗旨，在产品设计研发中主要采用具有时代特点的太空银、香槟金、商务灰、经典黑等，适合简约装修风格的色彩搭配。

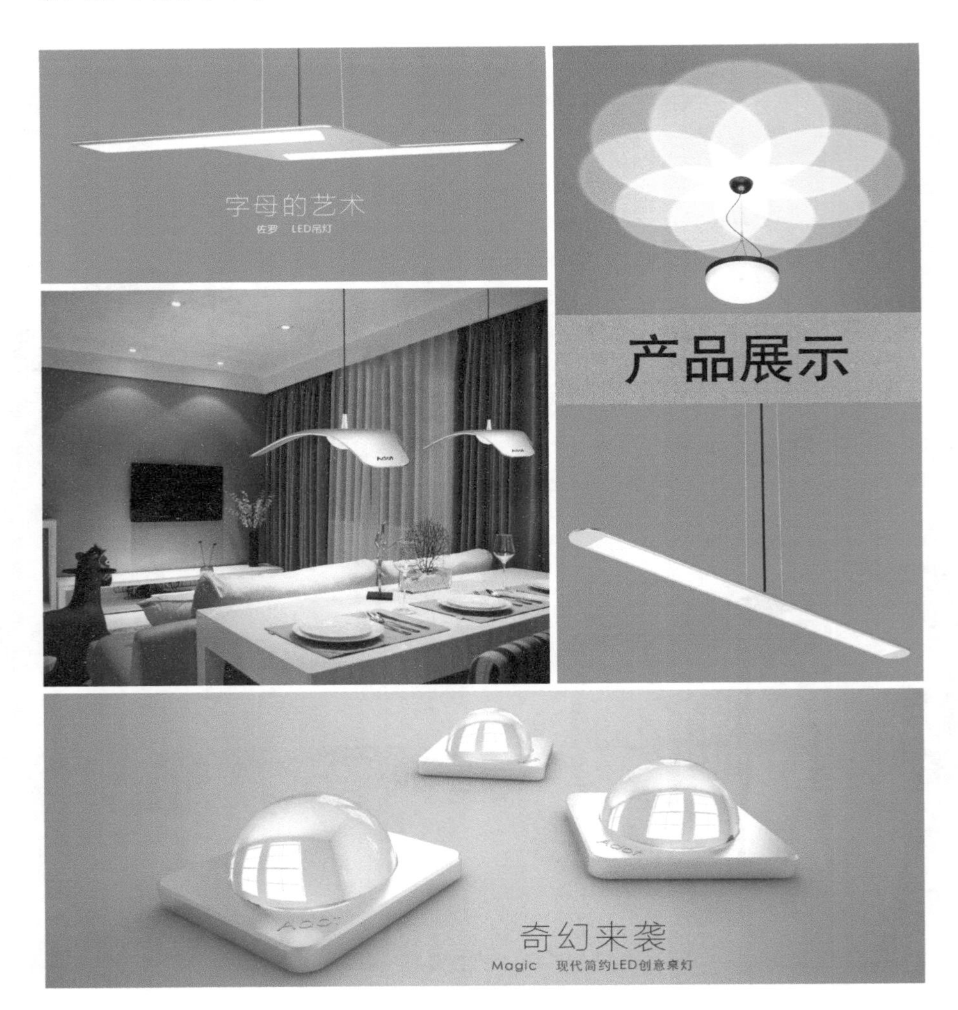

十三 色彩预期与干扰效应

产品色彩从定位开始，设计师、企业就已对产品色彩的生产，到最终商业展示，有了预期。那么为了使产品能够获取最佳的销售业绩，商业展示色彩起到了决定性的作用。此时，合理利用色彩的干扰效应，增强产品的色彩诱惑力是商业展示的一种极为有效的方法，从而实现色彩预期的效果。

举一个反面例子。黄色系的服装总能给人运动、阳光、朝气、自信、醒目的感觉。对灯光色彩来说，紫色有迷幻、炫丽、诱人的感觉，让观众产生无尽的遐想。用色统计指出，无论紫色浓与淡，都是女性最佳的色彩。但是当这美好的两种色彩走到一起时呢？补色之间相互干扰就好比一对补色色彩叠加显现出来的灰色。如这一案例中，黄色不再鲜亮而显现灰色调，如图8-23所示。

图8-23　补色之间的干扰

干扰效应的另一个例子，手术室的服装颜色，目前国际惯例，手术医生的服装颜色是绿色。从绿色的语意情感来看，它能够给人希望，也能让人在心理上产生一定的放松感，但这并不是手术服采用绿色的主要原因。利用色彩的补色干扰效应才是主要原因。血液是红色的，当血液溅到白色的布上时，血液更加鲜红，溅到蓝色布上时，血液变成深红而更加醒目，但唯独遇到绿色布时，变灰而失去血液的鲜红特点。补色干扰效应在这里被运用得十分巧妙而富有意想不到的功能。同样，眩光因为耀眼的问题，在日常工作环境中，经常需要回避和去除，而在商品展示中，往往需要眩光，突显某些产品耀眼的光芒，如珠宝店的商品陈列。

销售中，有些不可回避的干扰效应也确实影响着设计师对产品色彩的设计决策。一些产品在销售过程中，某一种色彩总是不好卖，销售量总是最低，但总是存在。正如红花需要绿叶衬托一样，这一款色彩的存在，使得产品系列化的色彩组合在卖场上显得更加引人注目，色彩搭配更加漂亮。

十四 产品色彩系列化设计

系列是指“相互关联的成组成套的事物或现象”。在设计艺术领域里，有系列产品、系列服装、系列包装、系列海报等。在这些系列化的设计当中，形、图文、色彩之间的关联特性，是构成该类物品系列感的重要组成元素。如图8-24所示，UZSPACE茶味魔法杯和钻石杯色彩系列之间的自相似性，塑造了该品牌的色彩形象。

色彩在系列化设计时，应针对产品系列化造型来决定色彩系列化设计的原则。对造型一致的产品系列化设计，可以通过色彩三要素之间的一个或两个要素相同或相近，来实现系列化设计的统一感。在产品配色方案中，可以选择一种基础色彩不变，而变换其他某一形态模块的色彩，实现“系列色彩自相似性”色彩系列化设计，也可以选择两种基础色彩不变，与可变色彩进行自由组合搭配，形成更加丰富的色彩系列。所以，UZSPACE茶味魔法杯和钻石杯色彩系列为同一品牌下不同系列的产品，但是根据目标人群的定位，它们之间的色彩并非同一色彩，而是存在一定的自相似性，从而使品牌特征明显，但又不会因过于一致而产生单调感。

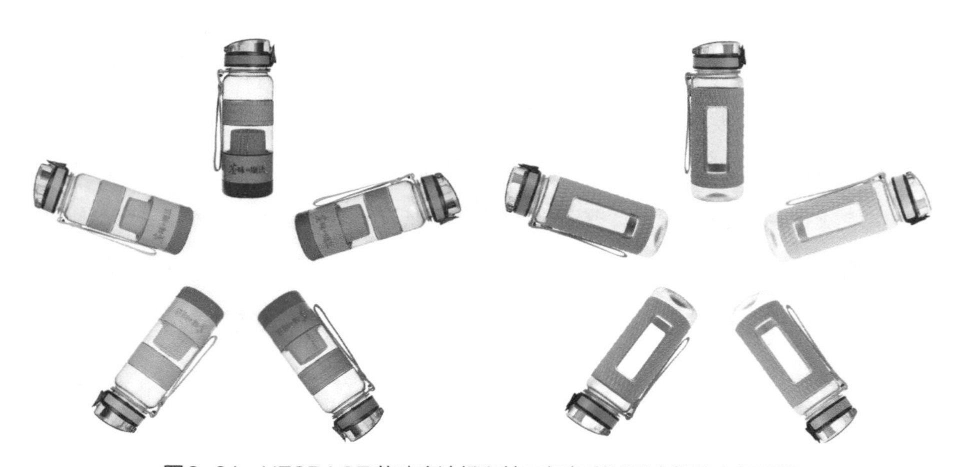

图8-24 UZSPACE茶味魔法杯和钻石杯色彩系列之间的自相似性

对品牌产品来说，多样化的发展策略促使同一品牌旗下的产品型号、种类不止一种。如果说同一型号的产品系列化是纵向系列，不同型号的产品系列是横系列，那么横系列产品造型之间，既有一致的地方，也有变化的地方。这些产品造型特征具有“品牌家族”基因特征，色彩组合在这些造型特征的基础上，既可以采用相同的色彩组合，也可以采用近似色彩组合。为了进一步反映产品家族风格，无论是横系列产品还是纵系列产品，基因提取、基因变异、基因突变是丰富产品家族系列化色彩的设计手段。

产品色彩系列化设计最核心的关键技术是在产品的外观模块上进行的色彩模块化的组合与搭配。为了使小批量生产能获得接近大批量生产的经济效果，在不增加过多成本的基础上提高产品的品种供给数量以满足消费者差异化的需求，模块化设计应市而生。在产品设计领域，模块化设计是指“为开发具有多种功能的不同产品，精心设计出多种模块，将其经过不同方式的组合来构成不同产品，以解决产品品种、规格与设计制造周期、成本之间的矛盾”。

在产品色彩设计领域，色彩的模块化设计是在产品已有的、能够和外观相关的功能模块基础上，根据色彩设计研究、色彩定位，对这些模块进行色彩设计，利用色彩系列化设计的原理或方法，在实现多样化的色彩方案的同时，使这些产品保有系列化的设计感。根据用户的要求，对这些色彩模块进行选择和组合，就可以构成不同色彩方案。

异国风情

拖车在使用时，可以看作是一种辅助产品。因此色彩可以采用大胆的、视觉冲击力强的配色组合。异国风情设计效果能够将他乡热情、火辣的民俗展现出来，形成超强的视觉吸引力。色彩采用近似补色的花纹组合面料和橙色面料。

ASIA

田园风格

将拖车的使用环境放在一个自然，生态、淳朴的环境中，田园风格应时而生。“绿树、阳光、野花”塑造了一种惬意的、休闲的、轻松的感觉。色彩采用绿色调的带花纺织面料和黄色面料。

古镇风格

古镇风格代表着历史、传统、文化的积淀。古朴的特质与都市风格形成鲜明的对比，是一种差异化的设计，满足人群对传统的传承需求。棕色系，图腾成为其设计的视觉元素。色彩采用咖啡色夹杂图腾感的装饰花纹组合面料和浅棕色面料。

都市风格

都市风格给人现代、时尚、个性的感觉，是一种大众的色彩配色组合。同时，都市的时尚气息之余，神秘是该风格下隐含的特质。紫色很好地诠释了都市的气息。而搭配色中的浅色花卉也表达出紧张都市风格下的浪漫。色彩采用浅色的花纹组合面料和紫色面料。

设计案例 语意明确，方案不唯一——儿童推车色彩设计方案

BIG BABY

Child Stroller Design

设计案例 色彩形象的提炼与延伸——陕西“北人”印刷设备色彩形象设计

陕西北人印刷设备有限公司

工业装备是加工制造环节的重要组成部分，是长期用于工作场合的耐用产品，其形象设计不仅关系到用户的切身感受，而且代表着制造加工企业的品牌形象。良好的产品形象能够体现产品美学品质，传达企业文化内涵，使品牌形象深入人心。

陕西北人印刷机械有限责任公司经历了多年的发展和积淀，具备先进的制造水平和产品设计创新能力，是国内印刷机械制造行业中的知名企业。如今已步入国际先进行列、拥有精良的加工和精密检测装备，在国内市场竞争中保持领先地位。

公司追求高效提升生产效率，秉承人性化提供优质产品与服务，提倡绿色环保节省资源。由于陕北人印刷企业是大型印刷设备的制造商及营销商，设计应结合机型的种类、功能特点及使用场合，在风格上应体现工业装备的简洁与硬朗，又不失象征高效的动感流线性，应具有明快的块面感，又不失富有变化的层次感。

知名品牌印刷机

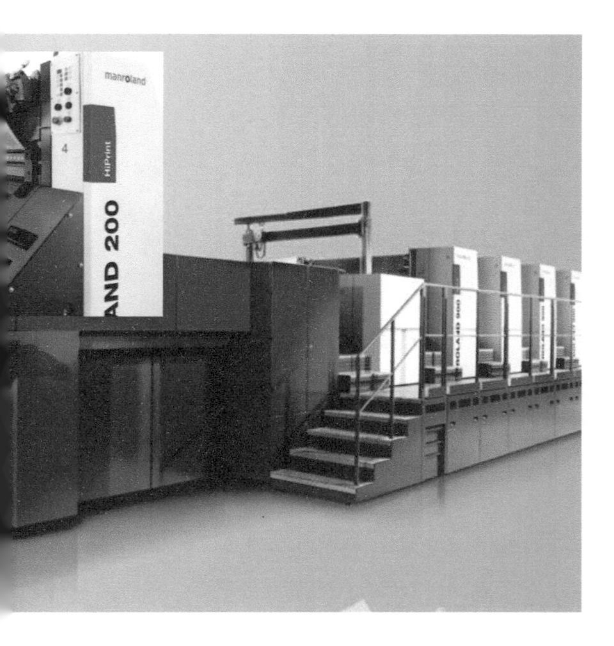
manroland
HiPrint

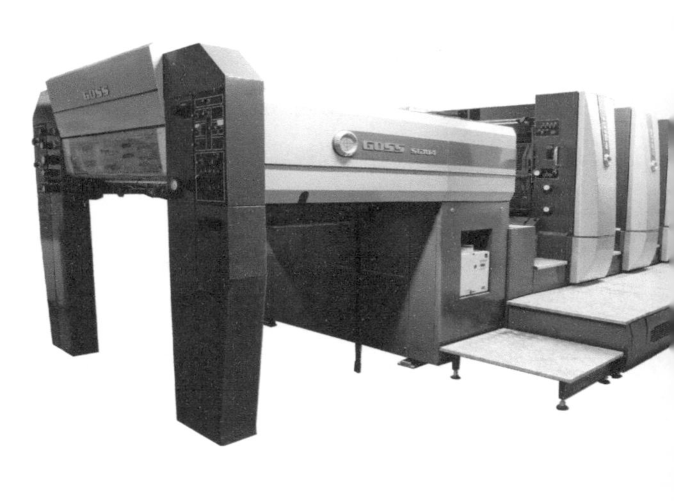
GOSS

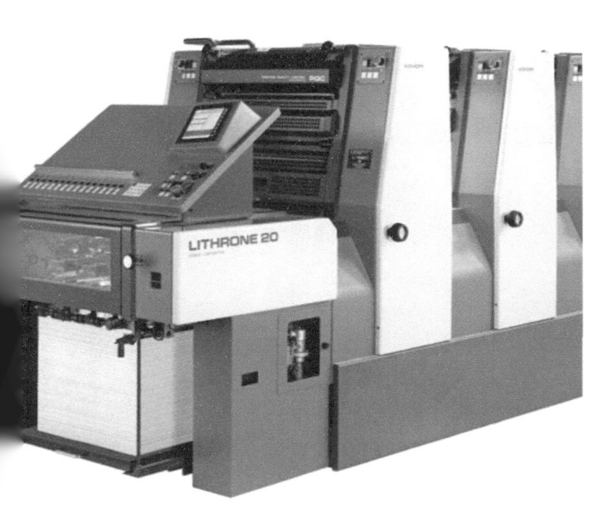
LITHRONE 20

LITHRONE
KOMORI CORPORATION

大型机械设备用色趋势

大型设备用色趋势表现为：

1. 多数设备主体主要以灰白黑中性色为主，少数大型设备主体色彩中有较大面积的有彩色。

2. 有彩色是区分设备品牌色彩的关键要素，且大型设备中，选择红色、橙色、蓝色作为品牌识别色彩和装饰色彩的居多，少数采用了果绿色甚至桃红色，识别效果明显。但总体上讲，有彩色的选择还需要和品牌中的标准色彩一致或相似。

3. 大型设备中，色彩组合中，面积对比是体现产品色彩风格的主要表现手法，且用色面积是与结构、人机要素有机结合的。

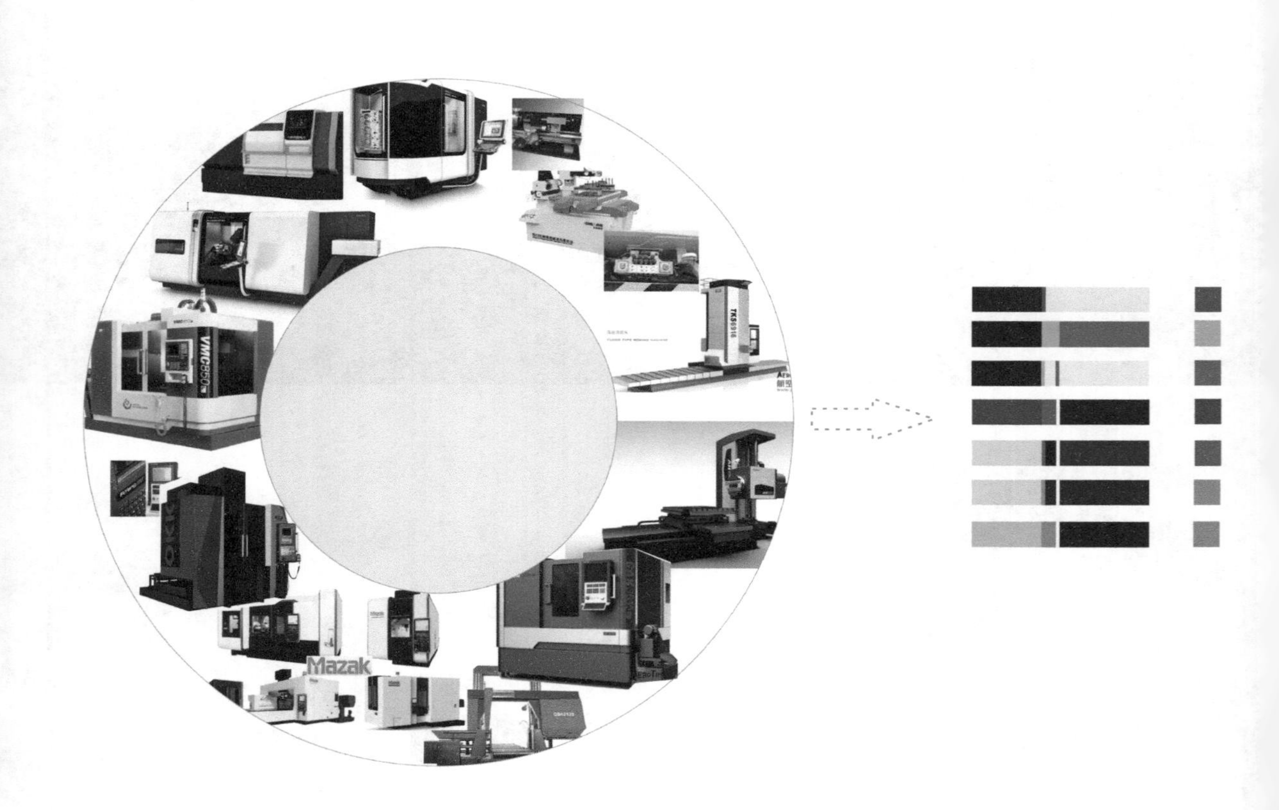

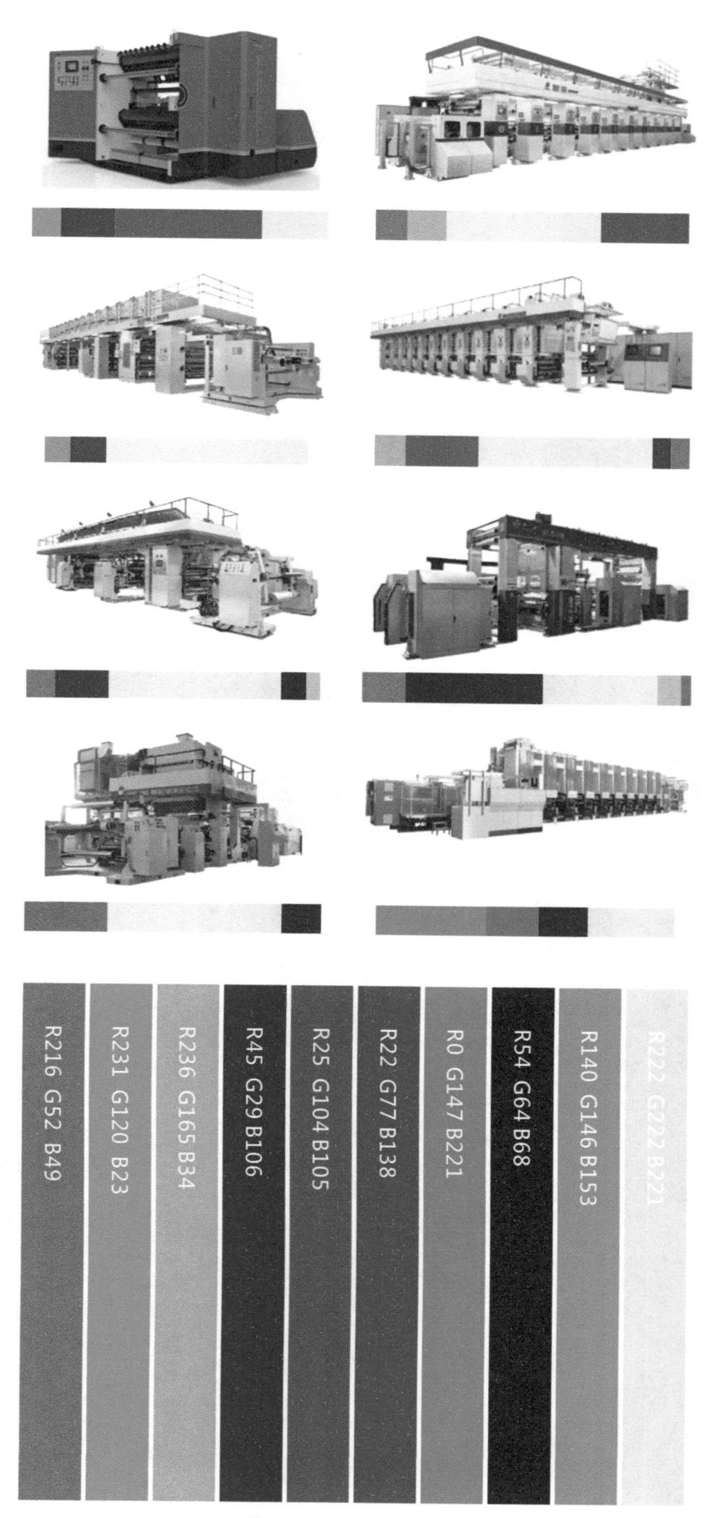

目前陕西“北人”企业产品上所应用过的色彩

基于用户需求的陕西“北人”卫星式柔版印刷机色彩现状

该设备造型于2012年设计，并于当年投入生产，接受顾客的定制。当时以顾客为核心的主导思想下，色彩方案主要以用户偏好为例，接受用户定制化。图为产品实物照片。湛蓝提炼于“北人”标志中的蓝色，通过纯度的降低使之更适合设备大面积的色彩。给人一种清静、洁净、安稳的感觉。与“北人”橙搭配，很好地塑造企业的产品形象，也能展现生机勃勃的动力。

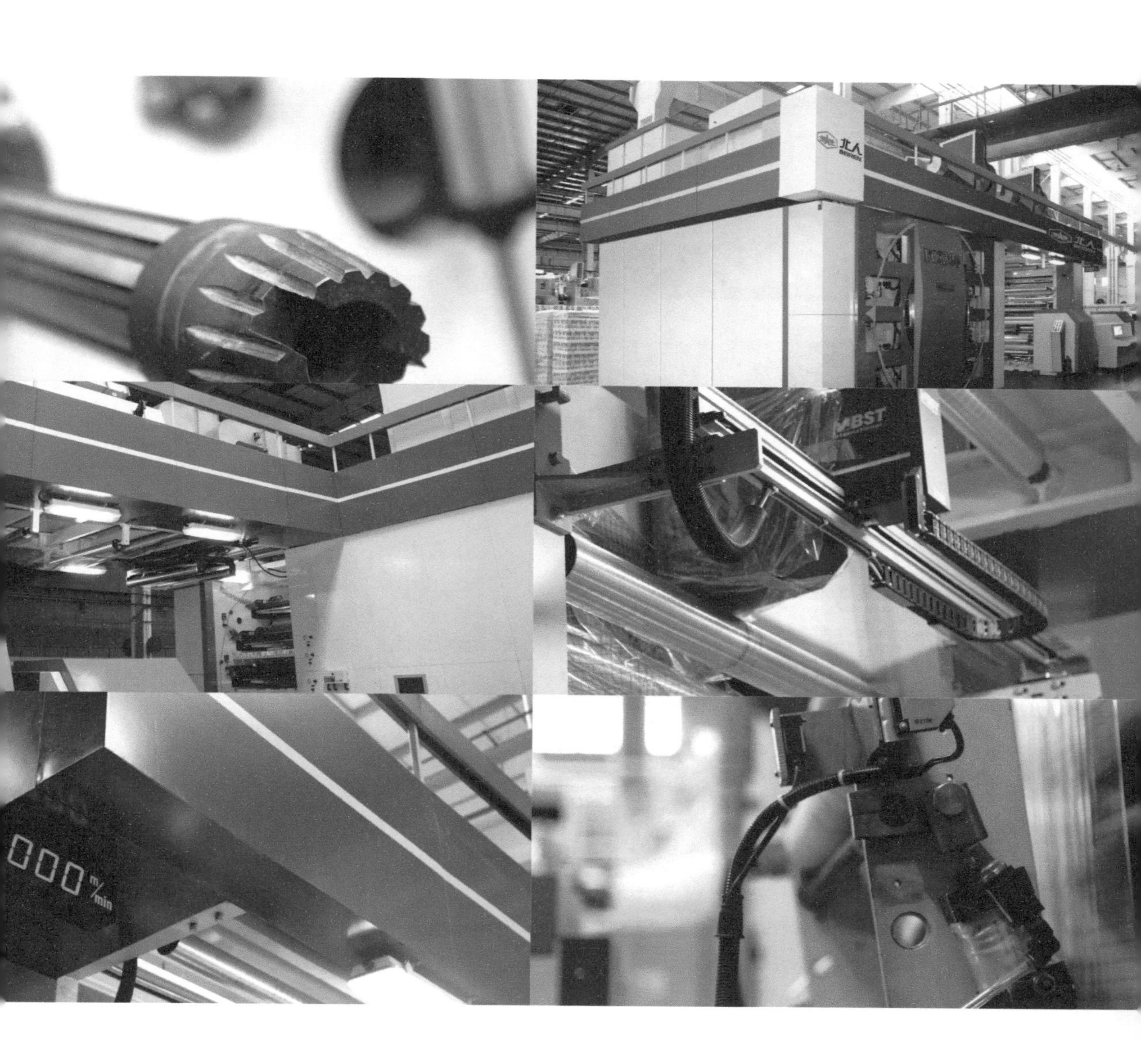

基于客户需求的色彩设计虽然能够很好地满足用户，但并不能提升企业产品的品牌形象，这与国外的知名品牌以及国内的发展趋势并不相符，也不能解决陕西省内印刷设备同质化外观设计的问题。

精密金

深灰色的炫酷、沉稳，加上金色的贵重，塑造了设备极致的精密。这种中性的色彩组合是目前产品的色彩流行趋势，以其高雅的质感，塑造出“北人”产品的品质。

北人橙

“北人橙”主要来自企业标志的色彩。大面积的橙色可以很好地塑造出北人产品的特点，形成显著的市场差异化。暖色的橙色与灰色极易搭配，标志中的蓝色在这里作为点缀色，凸显产品的朝气且不失精密格调。

根据市场的调研，企业文化的提炼，我们提炼出“精密金、北人橙、精密灰、湖水青”四种典型的色彩组合。

精密灰

沉着稳定，是当前印刷设备普遍适用的颜色。其中小面积的“北人橙”使整个色彩组合增添了一股活力，与大面积的灰黑色组合，塑造了“北人”产品的精密品质的同时，提升了“北人”的形象。

湖水青

湖水青提炼于“北人”现有产品中的蓝色、蓝绿色的演变，通过纯度的降低，明度的增加使这一色彩组合更加适合大型设备的用色。大面积的色彩采用淡雅且沉着的青色，给人一种清静、安稳、精密的感觉。

局部色彩设计深入

卫星式柔版印刷机操控按钮设计

和国外的大型机器设备相比，国内的操控按钮设计通常是最薄弱的环节。虽然有些按钮由于标准色彩的限定性，很难与设备产生一致且和谐的配色效果，但是可以通过材质设计、形态设计，“间色”的过渡，面积的大小以及工艺设计等，使操控界面突兀的按钮与设备整体形成统一协调的形象。

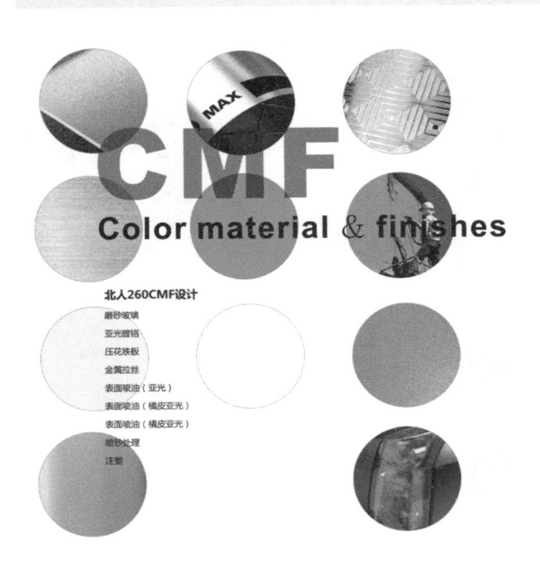

CMF 设计

陕西“北人”卫星式柔版印刷机细节设计

经过色彩形象提炼，选择“精密灰”作为该品牌产品的色彩形象，如右图，并确定了小面积的“北人橙”作为装饰，起到提升、呼应的效果。

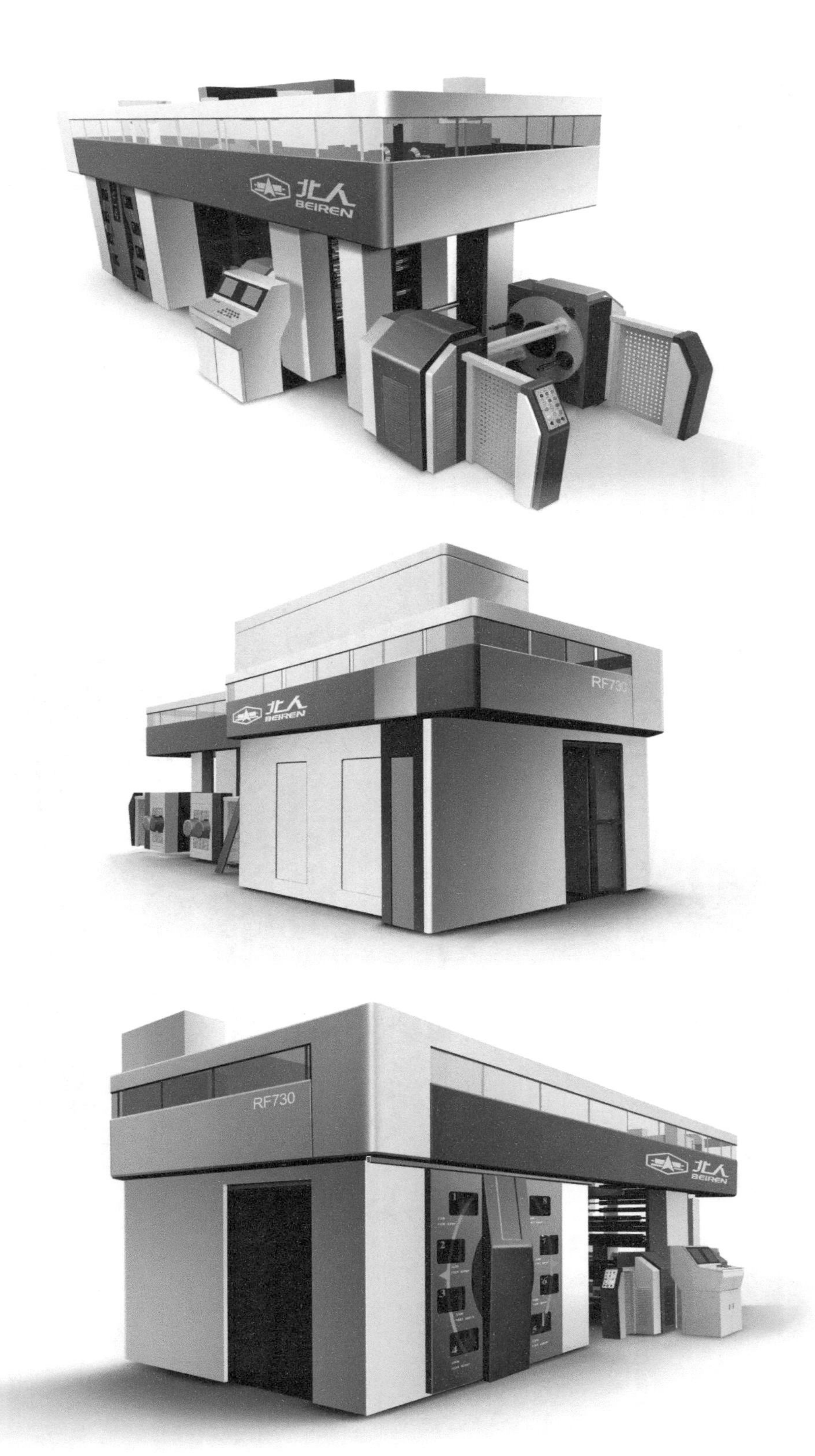
北人
BEIREN
RF730
北人
BEIREN
RF730
北人
BEIREN

陕西“北人”分切机色彩形象设计效果

在提炼出“北人色彩”的形象后，将精密灰沿用到了分切机的色彩设计当中。围心式柔印机和分切机的造型虽然不同，但是采用了“精密灰”色彩组合，使得陕西“北人”的产品纵横系列的色彩得到统一，很好地塑造了“北人”的色彩形象。

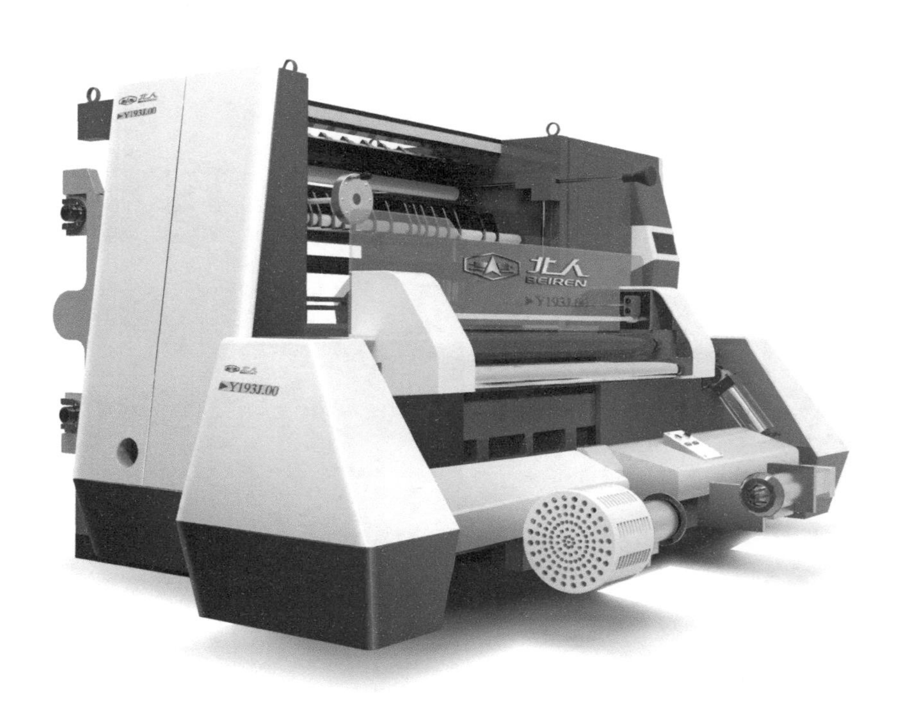

第三部分

权衡色彩 为产品提升价值

第九章 产品色彩CMF设计

对产品而言，不能把色彩孤立看待。好的色彩一定是和材料、工艺一起作用于产品，形成的一种不仅仅只通过视觉感知的形式美感，而是更加蕴含了品质感、品牌感、文化感的存在。所以，CMF（color，material& finishing）是当前产品色彩设计的主导思想。利用颜色、材质与产品细节处理工艺的协调设计以塑造产品的形象。例如同样的木材、同样的色泽、甚至同样的设计，用户在选择家具时，更多注重的则是加工工艺，表面色泽处理、细腻的手感等。由于不同的产品在材料选择上有所不同，加工工艺也各不相同。伴随着新材料、新工艺的发展，掌握最新的CMF趋势，做好CMF是做好产品色彩设计的重要工作之一。

一 材料的色、质之美

材料的固有色即材料本身的颜色。在产品色彩设计中，产品的色彩工艺紧密结合于材料的本身特质，利用材料本身的色彩、质感等属性是实现产品色彩表现的重点。包豪斯学校在成立之际就一直重视材料及其质感对设计影响的研究。该院的教师伊顿曾经写道："当学生们陆续发现可以利用各种材料时，他们就能创造出更具有独特材质感的作品"。巧妙利用材质美感、色彩美感的关系，并与产品形态形成自然的结合，塑造产品形态的简约之美，是产品色彩设计的完整表达。也能够有效传达产品内在的属性信息。通常多数材料在应用时，会通过不同的表面处理工艺满足产品所需的色彩、纹理、光泽度，以符合产品设计。不同的材料，表面处理工艺不尽相同，具体选择何种工艺，也需和产品性能、使用环境、材料特点相匹配。

例如木材在产品中的使用，给人以大自然的气息，不但给消费者天然的质感，还能够给人创造出一种接近天然的、温馨的环境感。木材的表面处理工艺主要以油漆、涂蜡为主，如果想使木材显现出其他色彩，则通过在其中加入所需的颜料，涂覆在木材表面即可。与木材相对的是金属材料包括合金材料，金属材料的自然材质美、光泽感、肌理效果构成了金属产品最鲜明、最富有感染力且最有时代感的审美特征。它给人的视觉、触觉以直观的感受和强烈的冲击，如图9-1所示。黄金的辉煌、白银的高贵、青铜的凝重、不锈钢的靓丽……不同材质的特征属性，正是从不同色彩、肌理、质地和光泽中显示其审美个性与特征。尤其是表面抛光的产品，对环境高光的折射，使得该产品极具炫酷质感，也因此而展现出它精湛的现代加工技术。金属表面处理的分类：表面精加工处理；表面层改质；表层被覆。同样，天然的石材也能够因其不同的色、质、纹理效果让人产生不同的感觉。

图9-1　金属材质与天然木材的色质

由于不同材质塑造了不同的效果，给使用者也产生了不同的情感体验，因此将不同材质进行混搭，巧妙利用材质的物理特性，也使之具有不同的功能。这种混搭既包括不同天然材料的混搭，也包括天然材料与人工材料的混搭，在形成天然与人工的结合之美的同时，满足人们对产品的实用功能的需求，这也是当前产品设计使用材料固有色彩的表现手法之一。

人们对天然材质的欣赏是与生俱来的，因此，随着工业技术的发展，模仿天然材质的技术不断更新，比如将木纹印制在复合地板、地砖以及密度板上，可以从视觉上产生木材效果，也被现代人广泛接受。由于自然材料的色彩不够饱和，也缺乏艳丽质感，一些加工工艺在塑料表面镀上一层金属膜，使其外观有金属感，同时具有艳丽的色彩，满足更多消费者对产品色彩的需求。这种工艺常被用在产品的装饰当中，如数码类、家电类产品。

二 着色技艺

根据产品色彩实现的形式，分为表面机械加工、表面涂覆、装饰和材料着色等形式。如图9-2示。表面机械加工处理中，磨砂与抛光是常见的表面处理技术，如金属、玻璃等的加工。

表面涂覆主要是指在物体或材料表面进行涂装，使之具有色彩美感。常见的主要工艺有印刷、表面印花、丝网印刷、热转印、阳极氧化、电镀、喷漆等，这种表面涂覆的装饰工艺并不改变材料内部的色彩。表面装饰处理包含涂饰、贴膜法，主要用于产品主体的标志、装饰图案等装饰效果。

材料着色或染色是指在材料加工过程中，添加染色色粒或色粉，使材料从里到外都被染上颜色。常见的染色材料有玻璃、塑料、纸、纺织材料等。如塑料是重要的高分子材料，已有百年历史。塑料的着色性能很好，可以染成多种色彩，而且易成型、易加工、工艺简单，是目前产品材料的主流。彩色塑料既可以是不透明的，也可以是透明的、纷繁的色彩，大大丰富了产品色彩。一般来说，塑料的着色和表面肌理装饰，

图9-2 各种色彩加工工艺表现

①表面立体印刷 ②金属拉丝 ③铝板钻石雕刻 ④电镀工艺
⑤表面喷涂 ⑥移印 ⑦热转印 ⑧喷砂
⑨丝网印刷 ⑩超声波焊接 ⑪压力注塑 ⑫双色注塑
⑬吹塑成型 ⑭冲压成型

在塑料成型时可以完成，但是为了增加产品的寿命，提高其美观度，一般都会对表面进行二次加工，进行各种装饰处理（图9-3~图9-7）。

图9-3 印刷后烫金工艺

图9-4 丝网印刷工艺

图9-5 彩色激光打印在产品玻璃板上的印刷

图9-6 陶瓷表面釉彩工艺（景德镇吴晓云作品）

图9-7 电镀工艺及色彩效果

产品的色彩感觉还和产品表面的处理工艺相关，比如同样是喷漆，但是表面处理工艺分为亮光处理或是亚光处理，虽然同为喷漆色彩，但是给人造成的色彩感觉截然不同。在亚光漆表面处理中，橘皮工艺颗粒度的大小，也塑造了产品截然不同的色彩风格，如图9-8所示。一种叫毛绒漆的工艺，运用到塑料表面上时能够产生一种天然磨砂的质感，不仅增强了产品的防滑性能，还提升了产品的品质。

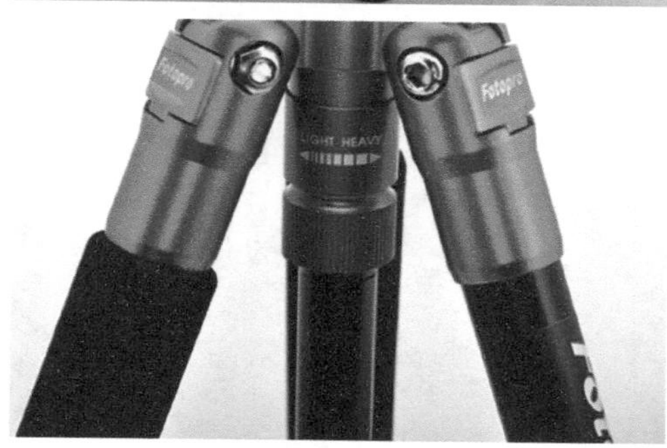

图9-8　表面镀覆处理

设计案例 形、色、质综合表现——“品钛”品牌开发与设计

项目描述：

PionTi（品钛）主要致力于钛合金材料的日用产品生产制造，目前企业成熟的产品是“钛真空保温杯”和一些相关的锅铲类产品。目前“钛真空保温杯”由于在抽真空技术难，市场定价较高。PionTi（品钛）钛真空保温杯产品的生产技术在该行业中具有一定的技术优势，产品定位高端。

1. 注册商标PionTi英文发音：潘钛，中文谐音：品钛；要求突出“Ti”的易识别性。

2. 商标语意来自“pioneer”前半部分和钛合金化学表达式“Ti”的组合。意味着“品钛”是“钛真空杯”技术的先锋。

3. 商标广告用语，“用品钛，品出健康。”

4. 设计风格，欧美风格、日韩风格均可尝试，但整体设计还是以简约、现代为主。

PionTi 标志设计方向

方向一：活力、自由

在字母之间穿插图形，使得标志具有一定的活跃性。

Kanwin康稳　PionTi

方向二：简洁、大气

讲究字体本身的设计。笔画简单、稳重，标志具有一定的国际范。

CHANGAN

CCAG 中国长安

方向三：年轻、时尚

此类可以以简洁的图案加文字的组合方式进行设计，标志年轻化、时尚。

概念生成

方案输出

方向一：活力、自由

方向二：简洁、大气

方向三：年轻、时尚

最终方案

C:0　M:70 Y:100 K:0

C:20 M:0　Y:0　 K:90

公司标识的印刷色值

Pion Ti英文发音：潘汰，中文谐音：品钛。
设计突出了“Ti”的符号，增强标识的识别性；
语音来自“pioneer”前半部分和钛合金化学表
达式“Ti”的组合。意味着“品钛”是“钛真空
杯”技术的先锋。
橙色寓意着友好和收获；塑造产品的亲和力。
灰黑色取自钛金属的本色，体现产品精致、高档
的感觉。

标识的基本应用组合

PIONTi 品钛
宝鸡市品钛科技有限公司
①

PIONTi 品钛
用品钛，品出健康
②

PIONTi 品钛
宝鸡市品钛科技有限公司
③

PIONTi 品钛
用品钛，品出健康
④

第十章 商业推广中的色彩表现

产品商业化推广设计包括说明书、吊牌、包装、宣传页、产品宣传册、展示及网页的设计等。产品面向市场的推广设计作为产品系统的一部分，具有十分重要的位置。虽然这些视觉设计对产品来说具有不同的功能，但总体来说，这些设计的核心是在市场上如何面对各种竞争，吸引顾客并让顾客产生购买的欲望，最终做出购买行为。如包装保护产品、便于储运的容器，在很多情况下，包装是消费者接触产品的第一信息，所以“包装是品牌理念、产品特性、消费心理的综合反映”，在直接影响消费者购买欲的同时通过各种设计符号传达着丰富的产品信息。虽然国内曾经一度兴起的“厚包装”已不再成为设计的趋势，但是，如何在实用的基础上对包装容器的结构造型进行美化设计，仍是吸引顾客的手段。和广告设计、宣传页、展示设计、网页设计一样，对产品来说，在起到产品营销之目的的同时，还起到塑造产品的形象、提升品牌的认知度和价值的作用。因此，作为与消费者最直接的传达“媒体”如何将产品隐含的信息也通过视觉设计让顾客感受到，是目前此类设计的关键技术。这些隐含的信息包括：产品品质、企业文化、品牌形象等。

商业推广中色彩设计如同前面所述的一样，既要符合各种文化，又要满足各种限定性的约束，设计时采用的设计原则或是方法可总体上概括为以下几个方面。

一 不言而喻且准确地传达

商业设计中的包装、宣传广告、产品展示等产品外围的色彩设计直接传达该产品的信息特征，一目了然，且客观、准确。如图10-1（a）所示，包装上面的“色标”与内部的连线色彩相同。而图10-1（b）则以水果图案的色彩和饮料的色彩共同传达着饮料的信息，起到了不言而喻的效果，便于消费者易读、易懂、易选。

（a）　　　　（b）

图10-1　包装色彩直叙产品特质

二　交相呼应地增强品牌记忆

产品形象的视觉构成要素中，色彩起到了极其重要的作用，为了使这些构成要素之间存在一定的联系，每个要素中的色彩设计保持一种相同的属性特征，便会产生视觉的一致性效果。所以，贯穿在这些元素中的色彩，交相辉映地增强了消费者对品牌的记忆。如品牌的产品用色、网页用色、展览用色以及其他配色效果多数都采取的这种色彩设计方法，如图10-2所示。

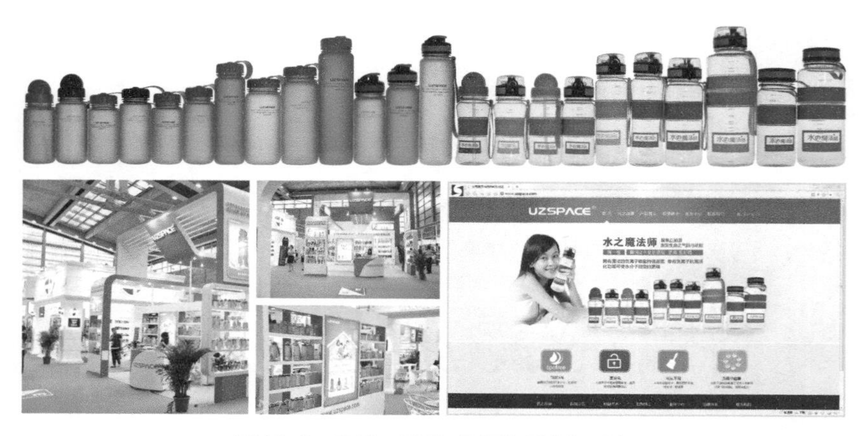

图10-2　产品、网页、展示色彩交相呼应

三　强化产品特征

设计符号学里，定义“理想传达”是能够把信息准确的传达，如数学公式以及机器语言等。这种传达仅实现了“1+1=2”的效果。作为典型的“非理想传达”，设计艺术的传达效果是“1+1≠2”的效果。好的设计，用色彩强化产品特征是有效实现设计艺术特有的“1+1>2”的传达效果。如经典的香蕉味的饮料包装，以其逼真的形色结合，不仅仅突出了产品内容物来源的特征，更重要的是让人由“视觉”联感到“味觉”，甚至“嗅觉”上，极大地强化了产品特征，如图10–3所示。

图10–3　包装色彩强调产品特征

设计案例 明喻与直白，清晰可见——Biosepher戒烟介质产品设计

Biosepher戒烟介质通过在过滤烟嘴中的含量，产生对尼古丁、焦油不同的吸附率。针对这一技术特征，将戒烟介质产品定位于“轻度吸附、中度吸附、深度吸附”。设计时使用蓝色的深浅代表着“轻、中、深”这三个等级。直白的手法极易识别，方便了销售环节中产品类别的识别问题。

四 产品品质的隐喻式传达

在修辞手法里，隐喻是“将一个词从其本义转为一般不能换用但却相似的另一个词，强调其认同，即两者相似，但不是明喻”。隐喻的修辞手法，用在文学当中，可以引发读者对作者的思想更深层次的理解，同“明喻”的修辞手法相比，好的“隐喻”能够让人产生深刻的印象和记忆，甚至联想到文字表面传达之外的信息、情感等。在设计领域，“隐喻”的设计表现手法常常是利用人的思考本能获得“明喻”“直白”手法所不能实现的“信息后”的感知，传达隐含的、不可名状的信息。何为“信息后”？举例说，用“苹果”表达人生中的爱情，这是“明喻”，如果用青苹果、黄苹果、红苹果等苹果的成熟度或种类对应爱情阶段，也属于“明喻”。而对“青苹果”所内含的青涩感，有点酸、有点甜的味感让人联想到初恋阶段的感觉，则属于“隐喻”了，“青苹果”传达信息后面还隐含着更深的感觉信息，通过思考或者共鸣而作用于人的设计效果更加引人入胜。如图10-4所示，两种不同品牌的蜂蜜包装设计。（a）图用蜜蜂的身体上的条纹，来传达蜂蜜的酿制过程。而（b）图，则是用一滴流淌的蜂蜜的形，隐喻“abella”蜂蜜的品质。二者虽然采用不同的“形”，但都传达了语言所不能描述的蜂蜜的“品质”。例如设计案例：丝质肌肤可以拥有——Silkmay淑美依，从品牌命名到广告语再到色彩形色统一的设计表现，就是典型的“隐喻”手法，传达出女性对肌肤如丝般的向往，塑造出该品牌化妆品可以让你的肌肤更加丝滑。

(a)

(b)

图10-4 包装隐含产品的优良品质

设计案例 Silkmay 产品品质的隐喻式传达

客户要求为化妆品策划一个标志，并完成商业化设计。针对产品的特性，让人的肌肤细腻滑爽的感觉，使我们将其特征与“丝”相联系。“丝”的英文是“silk”，“美”则用“may”谐音来传达。这样“Silkmay”的中文音译为“淑美依”，也十分符合女性的特征。广告语“丝润肌肤、可以拥有”也就从英文字意当中孕育而生。商业化设计时，色彩便采用了丝白与金棕色，白色寓意白皙、润泽的“丝滑、净白”，金棕色寓意奢华、健康的“阳光、柔美”。

淑美依 | TM
Silkmay

Silkmay瓶身与包装设计

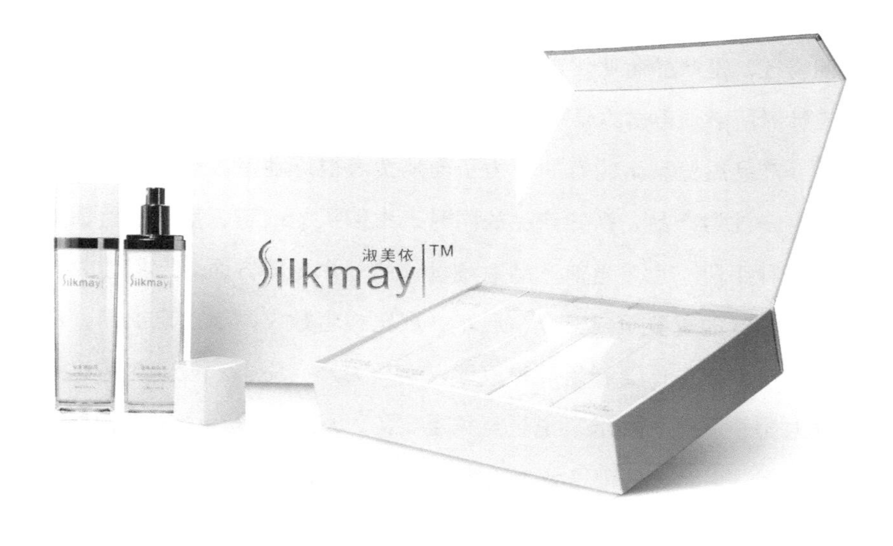

Silkmay宣传页设计

五 衬托产品

无论是产品的包装还是产品宣传、展示，其核心都是为了使产品能够获得更多消费者的青睐。让顾客在第一视觉内就能够注意到产品的特征，是产品商业化设计关注的核心。所以，“衬托产品”是商业化设计时所必须遵循的原则，如产品展示色彩设计。

产品展览展示的目的是为了向消费者很好地传达产品的信息，吸引客户注意产品，认知产品的同时产生购买的欲望，是产品营销推广的一种手段，也是当前产品系统设计的一个重要方面。既然作为产品系统设计的重要组成部分，展示、展览或者数字网络信息展示，最基本的出发点依然要利用美学原理，实现为产品服务。设计的风格和形式对整个展览、展示来说是至关重要的，从色彩设计上讲，起到“呼应作用”之余，关键是要全方位地衬托产品。如图10-5所示，各种灯光的照射，使产品、展品变得更加耀眼夺目。

图10-5 灯光、色彩，一切只为衬托

六 传递品牌的系统性、一致性

企业CIS系统在国内的引入，使国内消费者心目中的品牌特征越来越明晰。由品牌的系统性、一致性视觉效果，快速提升了消费者对品牌的认知性。商业化设计中，一切可以作为传达的媒介，都成为塑造品牌形象的关键要素。产品、包装、广告、展示、车体、楼宇等，以及今天最发达的网络、社交媒体等，无不时刻地在传递品牌的信息。因此从视觉要素出发的设计，通过相互呼应的设计特征或元素，形成了有效的传达效果，如前所述的“色彩营销”理论一样，色彩成为传递品牌的系统性、一致性最重要的视觉元素之一。

设计案例 传递品牌的系统性、一致性——化妆品品牌形象塑造

设计案例 新艺维网站色彩形象开发

公司描述：

公司名称：西安新艺维工业设计有限公司

英文名称：Innovation Art Dimension Industrial Design Ltd

英文简写：Innovation Art DID

发展理念：悟善致远，勤奋求真

形象用语：新艺术、新维度

公司定位：新艺维工业设计，致力于打造专业化的产品创意设计研发平台。秉承“悟善致远，勤奋求真”的发展理念，为广大客户提供专业的产品研发、商业策划、产品形象、包装、平面等设计服务。

标识需要传递的价值观

公司的命名直接反映出了公司从事的行业，主张“用设计艺术创新，为企业拓展新的发展空间”，这也是企业的核心服务。因此标识需要传递“真诚、专注、热诚、创新、设计、工业、服务”等价值观和特征。在这样的价值观下，用情感坐标将隐性的设计感觉“视觉化、量化”

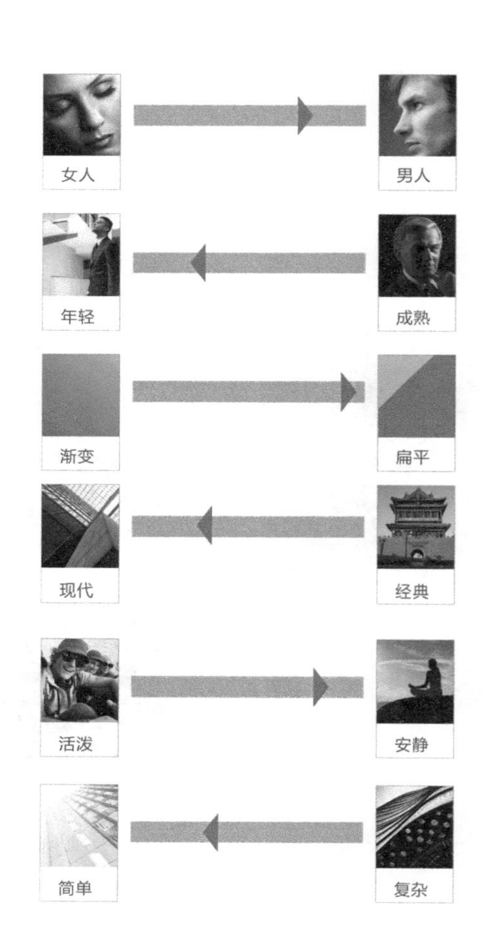

◀一腔的热情

思维碰撞与迸发▶

◀设计灵感的获取

高昂的斗志与必胜的信心▶

对于红色的诠释

新艺维
新艺术·新维度
设计理念：设计无大小，“巧设”为用
主要经营范围：
产品设计与研发、品牌设计、产品形象设计、数字媒体信息设计
工艺礼品设计、平面设计、包装设计以及工业仿真动画设计、市
场调研、设计研究等。
合作企业：
UZSPACE
BROADWAY
PIONTI
西安新艺维工业设计有限公司
Xi'an Innovation Art Dimension Industrial Design Ltd
新艺维
新艺术·新维度
新艺维
新艺术·新维度

标识的应用

设计输出

标识的图腾由新艺维的英文名Innovation Art Dimension Industrial Design中提炼出I ART ID字母进行组合设计而成，ID具有好主意好点子的意思，I ART环绕着ID形成空间维度的图形效果。图腾采用暗红色预示着热忱、灵感、迸发和不屈不挠的斗志；灰黑色代表理性、技术、尖端、可靠和准确。

网站设计

网站是信息传达的媒体，网站设计首要强调信息传达一目了然。网站风格要体现简约，衬托信息传达。简约风格下，色彩采用小面积的新艺维标识暗红、大面积的标识灰黑色，信息传达区则采用最平凡的白色。白色也是所有信息要素视觉表现时最百搭的色彩，也是有效传递信息的色彩之一。

网站用色

企业形象色彩相互呼应，传达一致性。

设计案例 深圳市优之生活用品有限公司新品开发色彩应用

优之78式军壶系列色彩定位

消费人群定位：针对热爱军事及户外拓展运动的男性消费人群。

消费人群色彩喜好分析：收集整理及对消费人群的分析后，得出迷彩色系在与军旅生活相关的各种物品上都得到了广泛应用，说明迷彩色系在目标消费者心目中已经得到了认同。

色彩定位：针对产品选择了同属迷彩色系的深绿色为产品的主打颜色。针对产品包装我们选择了以迷彩为包装的底纹。

产品实物

500ml

750ml

1000ml

产品包装底纹

迷彩色在军事上的应用

迷彩色在户外拓展活动中的应用

广泛应用于军旅生活的迷彩色

最终产品及包装色彩确定

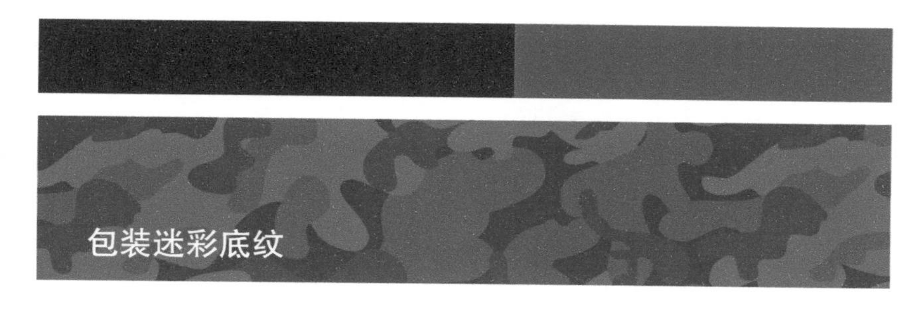

优之炫彩系列色彩定位

消费人群定位：针对28岁左右的城市女性人群为消费对象。

消费人群色彩喜好分析：通过对目标人群消费习惯、消费心理及日常生活物品用色的收集整理分析，可看出这一人群在生活上乐于尝试新鲜事物，对生活持积极向上的人生态度，在对色彩的偏好上，更倾向明快积极的色彩。

色彩定位：最终选择了四种不同色相、饱和度适中的色彩为产品色。

产品实物

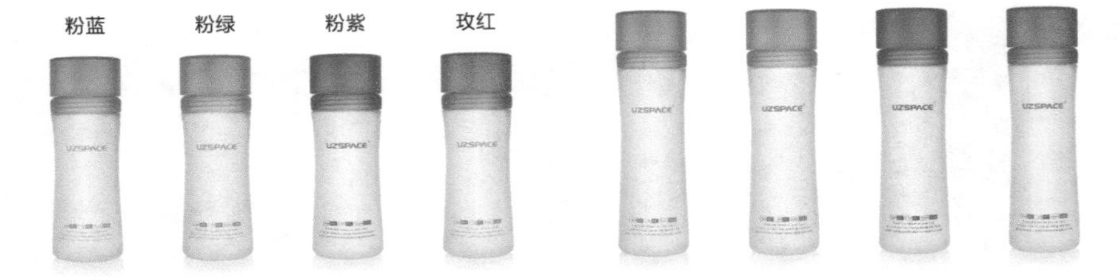

产品色彩选择

针对主要的年轻女性消费人群，在包装底色的选择上，采用了该群体认可度较高的中饱和度的玫红色。

产品色彩定位参考图

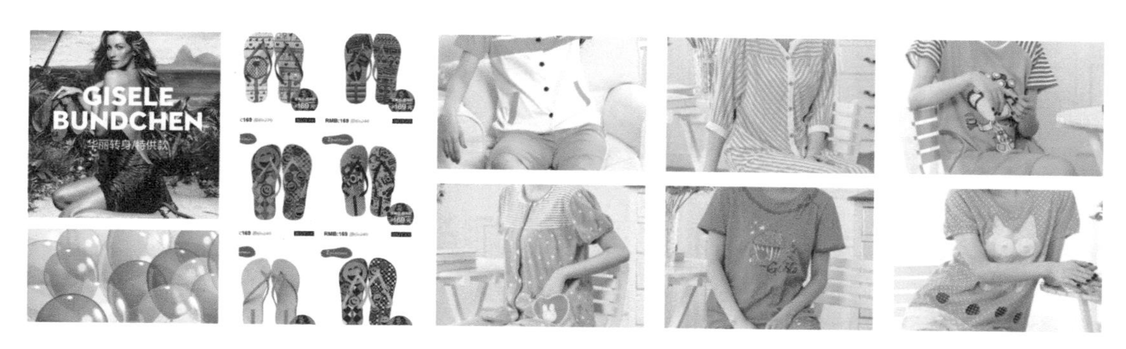

该消费群体日常生活用品色彩收集

广泛应用该消费群体的色彩归纳

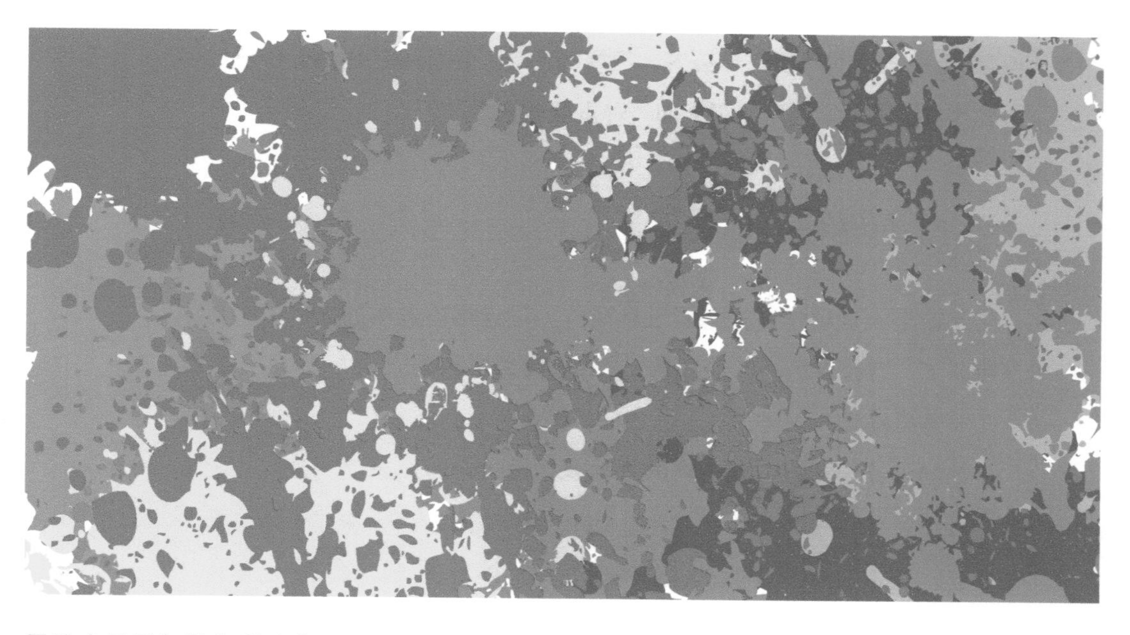

最终产品及包装色彩确定

第十一章 产品色彩设计评价

设计评价是一个在设计过程中每时每刻都在进行的设计活动。如设计研究中，当设计师确定是采用哪种方法调查哪一项时，都得通过评价来决定这个形式会对后期的设计有多大的贡献值，从而判定是否采纳与继续。当通过研究获得了众多的有关设计信息时，同样要通过评价来筛选或排出信息层次来引导后期设计执行。当设计过程进入方案优选阶段时，设计评价就成为最重要的一个环节。如何评价、评价的原则、评价的方法以及执行评价的方式、参与评价的人员等，都是设计构成评价是否合理的前提条件。在如今，在“面向用户”“用户参与”“用户核心”的设计趋势下，用户的体验、由体验获得的评价已成为设计方案最大满足用户需求的一种重要做法。

一 评价的基本原则

无论是设计评价还是色彩设计评价，设计评价遵循的大体原则可参照如下：遵循自然、满足需要、使顾客满意、择优。

1.遵循自然

如同设计一样，遵循自然的规律也是设计评价所遵循的法则，大自然规律是地球生物系统的法则，违背自然法则，就会造成无法弥补的错误。所以，色彩评价首先要遵循自然法则，比如在容易脏的环境中，产品的外表就应选择光滑耐污的涂饰，过度要求色彩品质会对环境造成污染，如镀铬、镀金等，在设计评价环节中尽量去除或减少。除此之外，自然也代表着人与产品中自然存在的关系，这种关系包括了人从自然界获得的“经验”作用到人与产品的关系当中。

2. 满足需要

产品的色彩并不能像艺术作品那样彰显个人喜好与风格，而是要充分满足多方需要，包括：企业自身需要（企业形象色彩约束、企业产品战略对色彩的定位等），生产技术（色彩及其表面涂饰工艺的顺利实施性），成本限制（企业对产品成本的控制限定了产品色彩生产成本，从而限定了CMF效果，超出成本限制的CMF可能不被企业认可，而成为评价中被否决的方案），政策法规（包含了政策限定的色彩，要求必须使用，或者不能使用的色彩，也包含了标准色彩约束，以及行业内对色彩标准的限定，例如QS蓝色食品安全标志、红色消防色彩限定等，这些法规成为色彩方案不可触碰的底线）以及文化价值（即地域特点对居民文化、价值观的影响作用到色彩设计上。这些约束在设计研究中就应该被重点析出，避免错误设计，在设计评价时，应该进行再次审核）等，只有当色彩方案满足了这些基本需要之后，方可实施后期的评价环节。

3. 使顾客满意

在设计开始前就做好充分的研究，并将用户的需求反映在设计当中。设计方案完成时，检测设计方案是否使顾客满意，是敲定最终方案的必备条件。以用户参与的设计评价、用户通过体验对产品反映出的评价信息，来确定顾客是否满意的评价方式在当前以用户为核心的设计趋势下，是必备的环节，也能最真实地反映出用户对产品的看法。顾客满意是整个设计环节中实时考虑的评价原则。

4. 择优

每个阶段的设计结果在评价时，都是一种对方案进行择优的行动，并不是要选出最好的方案，而只是说，最终方案已经经历过了多轮选择、澄清、过滤，此时评价选择的方案是看上去可行、较优秀的方案。而在择优的过程中，对方案的评价是一种权衡，很难说某一个方案达到完美。因此，一些围绕着方案评价方面的方法，如计分法、投票法等，详见“评价方法”，以尽量把握评价的客观性。

二 组织评价活动

图11-1 用户评价

设计评价活动也可以说是伴随了整个设计过程，它是每一个环节进行决策的关键。根据评价发生的阶段和参加的人员，可以简单地分为“专家评价”“用户评价（图11-1）”。

专家评价包括内部专家评价和外部专家评价。内部专家评价是设计进程的必不可少的环节，主要组织企业内部与设计相关的人员对设计方案进行评价，辅助决策的实施。外部专家的评价是为了进一步保证设计方案的先进性、可行性，是设计评价的有益补充，参与的人员主要为产品所属行业内的资深成员或设计人员，成员的背景来自生产、销售、设计、技术等领域。专家评价意见在设计过程与设计决策中起着至关重要的作用，如图11-2所示。

图11-2 专家评价

面向用户需求的设计是当前产品研发的主流，企业通过提供充分多的产品外观多样性来满足不同客户的个性化需求。因此对产品色彩设计来说，能否在设计过程中反映出客户需求信息，成为当前面向用户的产品设计核心。因此用户评价必然是设计方案决策的主要判据。传统用户评价信息获取主要是通过对用户进行问卷或网上调研进行，然后对数据进行处理来获取用户对产品色彩的感知倾向。根据不同的用户感知信息，获取的方法则有所不同。如对一般结构化的需求和评价信息可以用问卷方法来获得，并将这些信息与产品功能和技术特征进行转换，满足消费者的需求。但是对语言都难以描述的心理感受等感知类的信息，在获取与转化到产品设计当中，就比较困难。用户体验设计对产品提出的评价、感知信息等对方案的决策具有很大的帮助。

三 评价方法

在设计过程中，每一阶段都会通过设计评价来决定后期设计方向或方案的进程，设计评价既是设计阶段的一个结点，也是反馈设计意见、完善设计的一种方法。针对不同的设计过程和评价目标，设计方法也不尽相同，但必须考虑设计评价的个体性、时效性、复合性、模糊性。通常产品色彩设计的评价方法主要依靠大家对色彩的感觉和直觉判断，所获取的信息是一种感性的、模糊的评价信息，在感性工学的发展下，采用定性与定量结合的评价方法、数学与信息科学结合的评价方法可以将通过问卷、实验获得的感知信息量化以保证色彩评价的准确性、客观性。

1.比较评价与目标评价

比较评价，在设计过程中，通过比较、优劣分析来确定设计方向。在比较分析中常用到的方法有层次分析法、权值估算等。

目标评价，针对产品系统的各环节，按照上述评价原则来得出方案的优等特性。

2.定性与定量相结合的评价

研究者是基于一定的数学运算基础来进行研究的，比如概率、积分、矩阵等，都是定量分析方法；对普通的设计师（尤其是绘画毕业的艺术类设计师）来说，具有一定难度。消费者情感因素复杂多变，非常不容易控制，因此定量的分析方法也存在一定的弊端。通过运用感性工学的系统基础框架，应用定量与定性相结合的方式来评价产品色彩设计，分析总结得出消费者的心理感受与产品色彩设计之间的关联性，这种方式对色彩的评价信息获取更具科学性和完整性。

3.数学与信息科学结合的色彩意象感知评价

在色彩研究领域里，对色彩的评价也不仅仅局限在喜好上面，而是朝着产品配色的情感传达发展，用户对色彩的意象感知评价也成为当前产品色彩形象设计的核心。如基于空间分布形式的产品配色意象评价，会从色彩心理学出发，通过色彩空间分布对产品配色意象所产生的影响，建立适用于N种色彩搭配方式下的产品色彩评价方式，并将这种方法作为设计师进行色彩规划时的辅助工具。但是由于色彩意象感知的模糊性，已不能依靠简单的实验方法来评价，与数学结合的评价方式更能将模糊信息推导出一个可信赖并具有参考价值的信息来辅助设计决策，如产品配色意象的灰色评价方法、模糊数学评价法等。这些方法相比较单一性质的评价方法而言更贴近使用者的感性意象。

基于Web产品色彩设计与评价系统，由于是依靠并建立在计算机技术最新发展的成果之上，所以对产品评价信息获取数据的可靠性和广泛性均有极大的提高作用。基于Web的个性化产品色彩设计评价与管理软件的应用，不仅可以给设计师提供可靠的用户评价数据，更为用户提供了一个亲自参与产品色彩设计的用户体验，为后期基于Web的产品色彩设计方法研究提供了理论基础和数据支持。

用户对产品色彩意象感知评价的步骤包括消费者感知意象分析阶段、样本设计阶段、问卷设计阶段、色彩设计评价实验阶段、色彩设计评价结果统计阶段。其流程如图11-3所示。

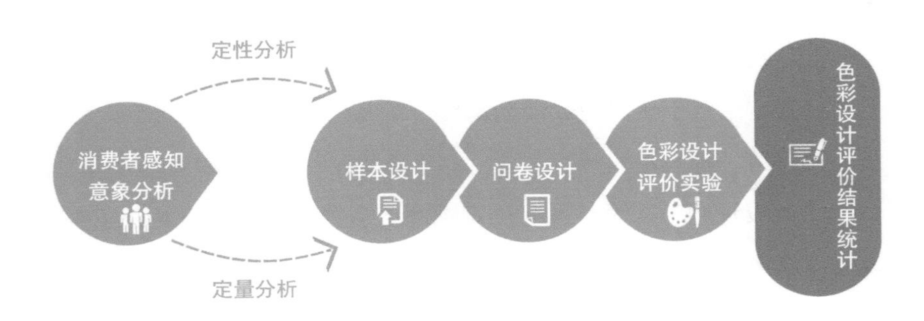

图11-3 研究步骤流程图

具体研究步骤如下。

① 收集与色彩设计感觉相关的形容词语意集，通过消费者感知意象分析和问卷调查法，从收集到的形容词语意中集中筛选出适合表达目标产品色彩意象的形容词，建立目标产品色彩感性意象形容词语意集。

② 根据目标人群色彩喜好分析和色彩语意集，对目标产品进行色彩设计，制作色彩设计样本。

③ 建立调查问卷，内容涵盖被测试者的基本信息，包括年龄、性别、家庭收入等。

④ 实验阶段，在选择被测试者的时候，选择的范围必须要广泛且全面。其次，为了防止测试者影响实验人群，在所有场所的实验采用一致的语言和规范，并且在现场实验中只解释选择方式等技术问题，不对样本色彩做感性的解释。调查问卷要达到一定的数量，才能使结果更准确。

⑤ 设计结果评价统计，将实验获取的各种评价信息利用数理统计的方法转化成和设计相关的数据，辅助设计，辅助设计决策。

第十二章 产品色彩设计管理

在现实色彩设计与实现中，因为输入输出的设备不一致，所观察到的色彩效果也就存在着误差。每个设备的色彩模式不同，也导致了色彩的视觉差异。例如数码打印的RGB色彩模式图片的视觉效果就好于CMYK色彩模式。CMYK色彩模式主要用于四色印刷。对于工业产品的色彩，在显示器上看到的视觉效果，以及打印所获得的视觉效果，在产品投入生产后，为了保证产品生产出来后的色彩效果能够跟显示器、打印的视觉效果相近，就必须严格控制色彩的每一个生产环节。不光是要保证企业内部加工环节的色彩沟通技术，还要保证企业和色彩外协企业之间有一个色彩参照的标准。为了解决这一问题，常用的方法有“测色学”的色彩管理，即用测试的办法和现场使用色标的色彩管理。使用色标，因为标号的准确传达，可以实现远程的色彩交流，如Pantone106C，无论到哪里，都非常精确地指明了这一颜色。色卡（图12-1）也是最常用的色彩管理工具，是国际通用的颜色语言。有了色卡，人们不再需要对颜色加以描述和寄送样品了，直接报一个色卡的号码，就能够统一物品的颜色，色卡在色彩管理上发挥了巨大的桥梁作用。由此得出，色彩管理是设计到生产实现的有效保障。

图12-1 色卡

色彩管理“是指运用软件、硬件结合的方法，在生产系统中自动统一地管理和调整颜色，以保证在整个过程中颜色的一致性”。色彩管理的重要性在当前色彩技术和呈现色彩的媒介发展迅速、形式多样的背景下越来越突出，尤其在各种色彩材料、印刷、涂饰、染色、彩色电视、彩色照片、色彩调节等的生产和应用中。其主要的意义表现在保证色彩在不同媒介的传播、交流、沟通、生产中尽可能保持一致的效果。利用软件技术，进行设备色彩校准，保证输入设备与输出设备间色彩传递时获得最佳的色彩效果，其理想目标是实现各种输入、输出设备之间的色彩一致。

在工业生产的产品中，色彩管理主要目标是提高色彩生产的效率，保证色彩类产品质量，即控制好同批次、不同批次产品之间的色彩误差内容包括材料的选定、试验、测色、限定与色样本的误差允许范围、加工后的色彩评价、色彩的统计及色样整理等。从工业产品设计与开发的角度出发，可以把色彩管理分为设计阶段、生产阶段以及商业阶段的色彩管理。因此色彩管理可以划分为“产品色彩设计管理和产品色彩实现管理”两类。在每个阶段，产生的结果不相同，所以，各阶段所需的管理方法、管理工具、参考的色彩标准也有所不同。这不仅包括了色彩标准，还包括企业产品标准色的建立、材料、表面纹饰标准及其技术工艺标准，无论哪一阶段，都会因为色彩方面的不统一或是误差，导致产品质量问题。例如显示器色彩不同会造成设计师和管理者、生产者之间的认知不同，以及不同批次产品的色差问题，这些一直是国内外色彩技术攻关的难题。同样还有脱色、掉色等问题。所以说，工业产品的色彩管理是一个极其复杂的过程，一些产品系列多的企业也会根据自己产品的特征，在普及的色彩管理系统的基础上，建立自己的色彩管理系统，以简化色彩管理的繁琐和成本问题。如图12-2所示，色彩样板可以直观地展现材质视觉效果，可以很好地保证产品和样板视觉效果的近似。如图12-3展示，为Uzspace品牌口杯的标准用色，企业确立的标准用色极大地简化了色彩管理的复杂性，同时也塑造了产品的品牌色彩形象，凸显了市场中的识别效果。

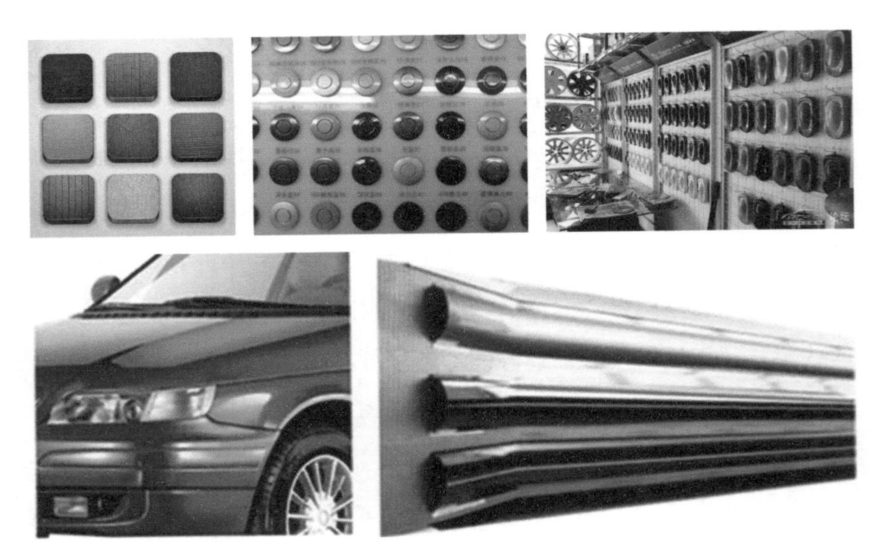

图12-2 色彩样板

图12-3 Uzspace产品标准色彩

色彩设计管理流程（图12-4）一般包含企业在调研、前期积累的基础上对目标产品的色彩规划。在这个规划下，结合色彩标准（包括国标、行标、企标等）和实现该产品的色彩技术，来制订企业色彩标准。从设计角度和后期色彩营销的角度出发，制订企业产品色彩体系，并给色彩命名，如奥迪A4L汽车的雄鹰灰、火山红。在后期设计展开前，色彩体系作为设计输入的指导，是产品色彩设计展开的关键，也是提高设计效率、统一设计认识的关键。在这一色彩管理系统下，设计师由产品色彩设计定位开始到后期产品着陆时的商业色彩，以及在中间的加工制造等色彩实现环节，都会有“法”可依、有“章”可循地执行，大大提高了设计效率、实现效率，也为企业产品创造了客观的评价环境，减少因设计师主观判定带来的风险，也保证企业产品品牌形象的统一。

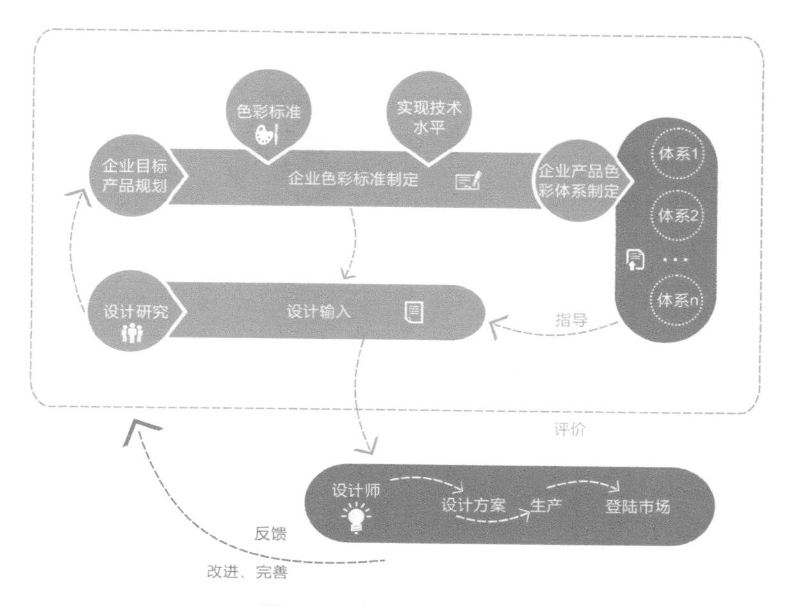

图12-4　色彩设计管理流程

通过高效的、可预知的、成熟的色彩管理，可增强专业设计的能力，更好地实现“所见即所得”。将会为客户带来以下好处。

① 提高色彩设计的效率。

② 高效提升品牌产品色彩一致性。

③ 设计各个环节的输入输出与预期颜色准确匹配。

④ 色彩实现环节保证不同设备在不同时间、不同介质上实现色彩的一致性。

⑤ 实现设计、生产、销售以及客户之间更好的合作。

⑥ 缩短生产周期，降低返工率。

⑦ 降低生产成本，提高工作效率。

⑧ 提高客户满意度，提升产品的质量。

设计案例 亲仁康产品色彩形象设计

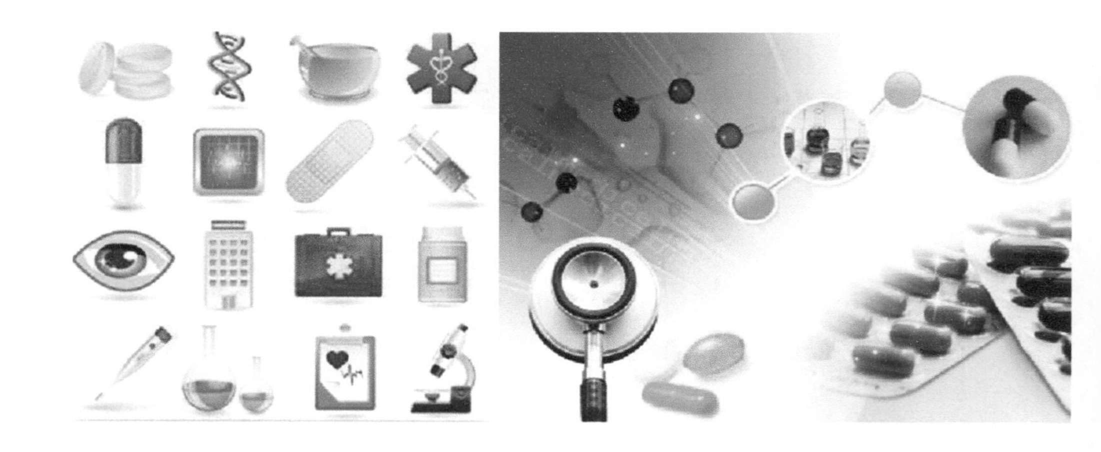

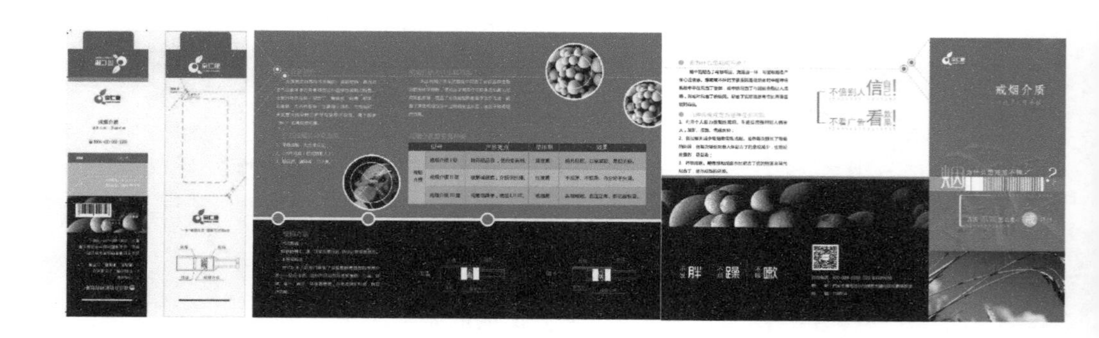

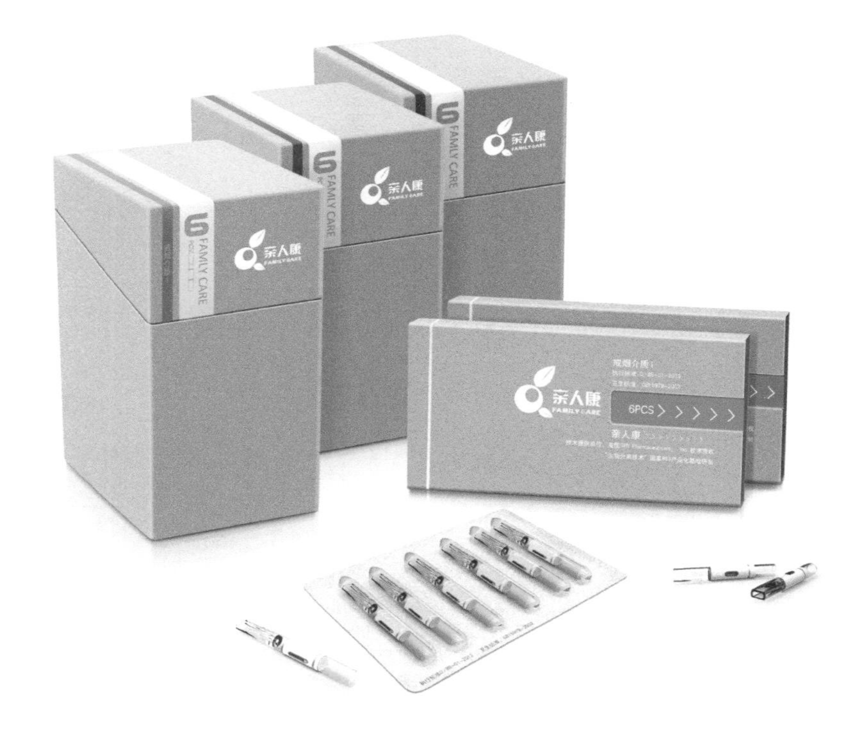
亲人康
FAMILY CARE
6PCS

附　录

1. 色彩的基本定义

1.1　光源色、物体色、固有色

（1）光的定义　光是人眼能够看到的一系列电磁波，也称为可见光谱（图1）。从科学上的定义来说，光是指所有的电磁波谱。

（2）光源色　发光物体发出的光的色彩，称为“光源色”（标准光源：①白炽灯；②太阳光；③有太阳时所特有的蓝天昼光。），因光波的长短、强弱、比例性质不同，形成不同的色光。如：普通灯泡的光所含黄色和橙色波长的光多而呈现出黄色，普通荧光灯所含蓝色波长的光多则呈现出蓝色。

（3）物体色　物体在光的照射下呈现出来的色彩，称为“物体色”，光的作用与物体的特性是构成物体色的两个基本条件。

（4）固有色　习惯上把物体在白色阳光下呈现出来的色彩效果总和称为固有色，严格来说，固有色是指物体固有的属性在常态光源下呈现出来的色彩。

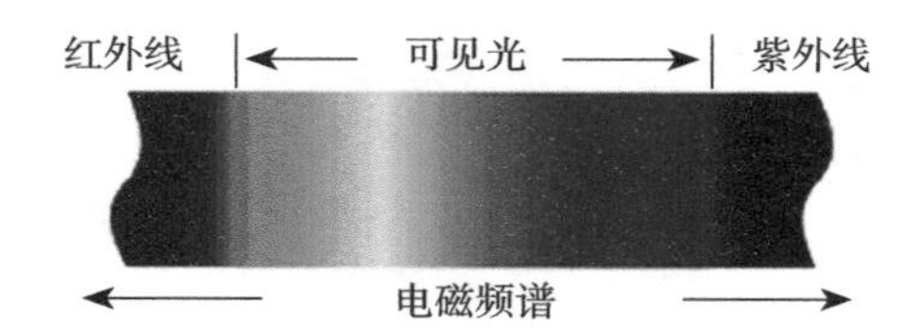

1.2　色彩的三原色、三间色和复色

（1）色彩的三原色　红、黄、蓝。

（2）三间色　三间色是三原色中的两个色以同等比例相加调和而形成的颜色，例如：红色加黄色就是橙色，红色加蓝色就是紫色，黄色加蓝色就是绿色（图2）。

（3）复色　用任意两个间色或者三个原色相混合而产生出来的颜色叫做复色。

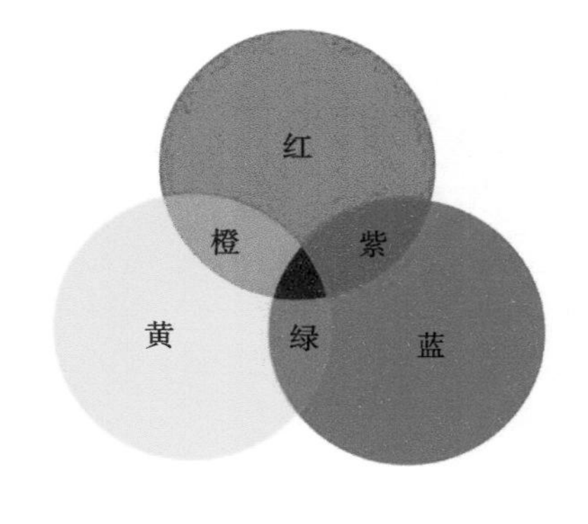

图2　色彩三原色

1.3　有彩色系和无彩色系

（1）有彩色系　把可见光谱中红、橙、黄、绿、青、蓝、紫等最基础的色彩以及由这些色彩调和产生的色彩称为“有彩色系”。基本色之间不同量的混合、基本色与无彩色之间不同量的混合所产生的千千万万种色彩都属于有彩色系。

（2）无彩色系　由黑色、白色及黑白两色相融而成的各种深浅不同的灰色系列称为“无彩色系”。无彩色系按照一定的变化规律，由白色渐变到浅灰、中灰、深灰直至黑色，在色彩学上称之为黑白系列。无彩色系的颜色只有明度上的变化，而不具备色相与纯度的性质，也就是说它们的色相和纯度在理论上等于零。

1.4　色彩的三要素：色相、明度、纯度

（1）色相　即各类色彩的名称，如色相环中的大红、翠绿、紫红等。色相是色彩的基本特征，也是区别各种不同色彩最准确的标准，如图3～图4所示。

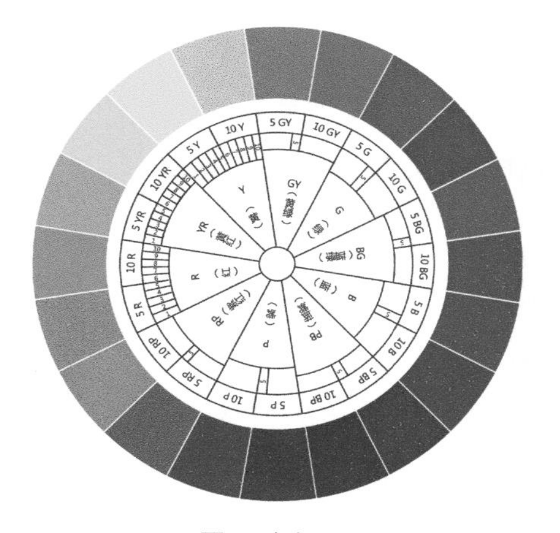

图3　色相环

色　相	明　度	彩　度
红	4	14
黄橙	6	12
黄	8	12
黄绿	7	10
绿	5	8
翠绿	5	6
蓝	4	8
蓝紫	3	12
紫	4	12
紫红	4	12

图4　色相、明度、彩度测量表

（2）明度　指色彩的明暗程度，也称深浅度，是表现色彩层次感的基础。在无彩色系中，明度最高的是白色，最低的是黑色，在黑白之间存在一系列灰色，靠近白的部分颜色称为明灰色，靠近黑的部分颜色称为暗灰色。

（3）纯度　纯度通常是指色彩的鲜艳程度。

1.5 色彩体系

（1）牛顿色相环（图5） 表示着色相的顺序以及各个色相之间的关系，如果将圆环进行6等分，每一份里分别填入红、橙、黄、绿、青、紫6个色相，那么它们之间表示着三原色、三间色、邻近色、对比色、互补色等相互关系。

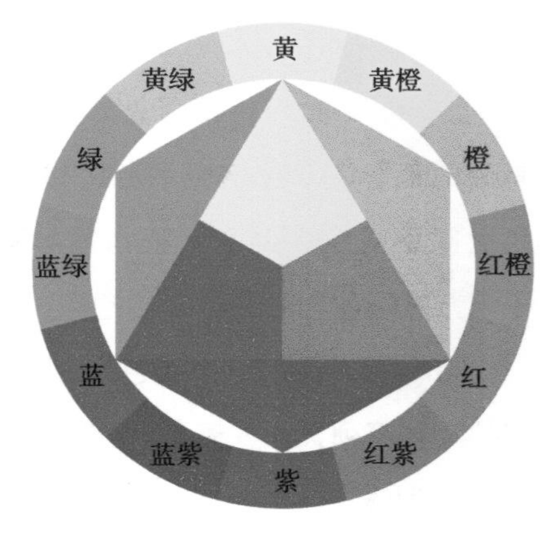

图5 牛顿色相环

（2）色立体结构原理 将色彩根据三属性（色相、明度、纯度），有秩序地进行整理、分类而构成的有系统的色彩体系，借助三维空间形式，同时体现色彩的色相、明度、纯度之间的关系，被称为“色立体”。色立体为人们提供了几乎全部的色彩体系，帮助人们开拓新的色彩思路；由于色立体是严格地根据色彩的色相、明度、纯度的科学关系组织起来的，所以它体现出科学的色彩对比以及调和规律。建立一个标准化的色立体结构，给色彩的使用和管理会带来极大的便利，可以使色彩的标准统一起来；根据色立体结构原理可以改变任意一幅绘画的风格，设计作品的色调，并能保留原作品的某些关系，取得更加理想的效果。

基本骨架（图6）：①明度色阶表。②纯度色阶表。③色相环。④等色相面（纵切面）。⑤等明度面（水平切面）。

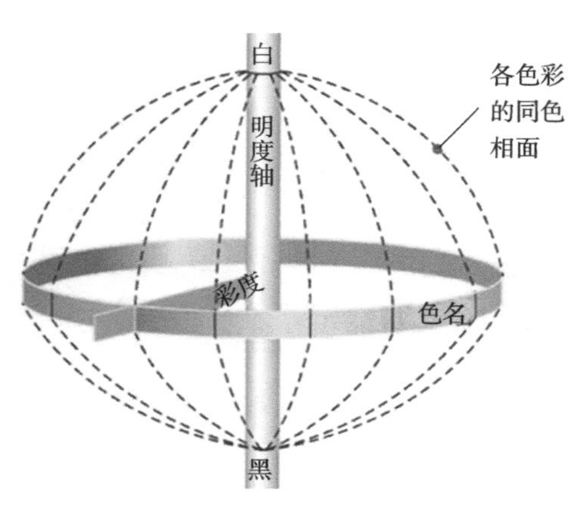

图6 色立体骨架示意图

（3）孟谢尔色立体（图7） 中央轴代表无彩色黑白系列中性色的明度等级，黑色在底部，白色在顶部，称为孟谢尔明度值。它将理想中的白色定为数值10，将理想中的黑色定为数值0。在孟谢尔系统中，颜色样品离开中央轴的水平距离代表着色彩饱和度的变化，称之为孟谢尔彩度。中央轴上的中性色彩度定为数值0，距离中央轴越远，彩度数值越大。表现符号为HV/C（色相、明度、纯度）。例如："5R4/14"，分别表示第5号色红色相，明度位于中心轴第4阶段的水平线上，纯度位于距离中心轴14个阶段。

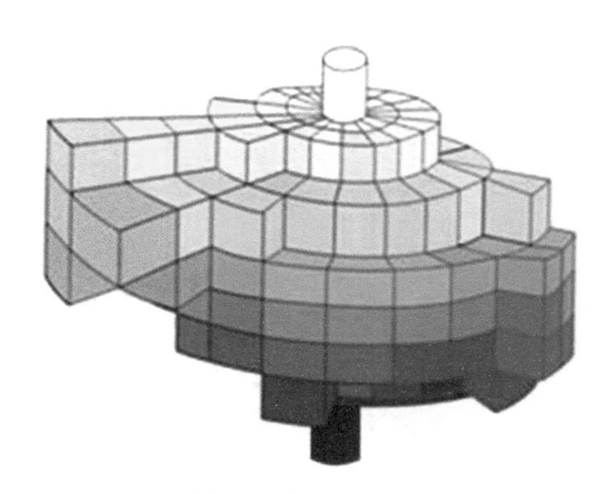

图7　孟谢尔色立体

（4）奥斯特瓦德色立体（图8）　德国化学家、诺贝尔奖获得者奥斯特瓦德从物理学的角度创立，他认为一切颜色都是由纯色（C）与适量的白（W）、黑（B）混合而成的，其三者之间的关系为：白量+黑量+纯色量=100（总色量）。

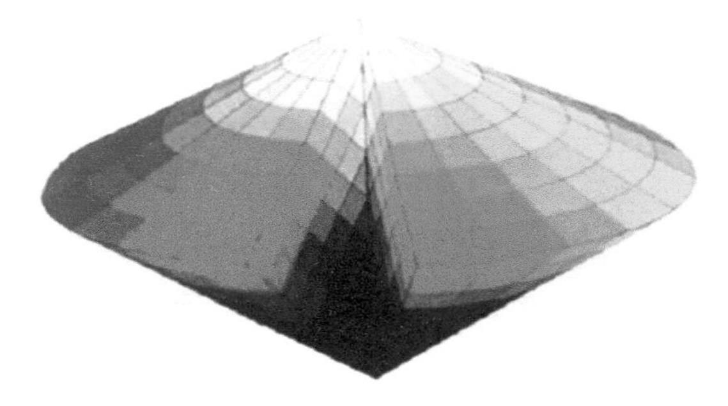

图8　奥斯特瓦德色立体

1.6　数字色彩模式

（1）RGB模式　适用于显示器、投影仪、扫描仪、数码相机、打印机等。

（2）CMYK模式　适用于印刷机等。不同的输出方式，为保证良好的输出效果，色彩模式选择不一样。如图9所示，色彩拾取器中，一个颜色，不同的色彩模式下，数值各不相同。当然，在输出时，不同的色彩模式目前还不能完全保证输出的视觉效果完全一致。

（3）Lab模式　L为无色通道，a为黄蓝通道，b为红绿通道，是比较接近人眼视觉显示的一种颜色模式。

（4）Photoshop模式　除基本的RGB模式、CMYK模式和Lab模式之外，Photoshop支持（或处理）其他的颜色模式，这些模式包括位图模式、灰度模式、双色调模式、索引颜色模式和多通道模式。并且这些颜色模式都具有特殊的用途，如图10所示拾色器中的色彩模式。

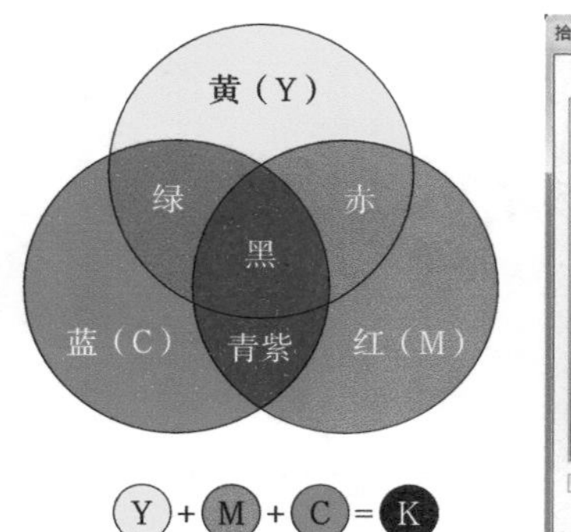

图9　印刷色谱原理示意图

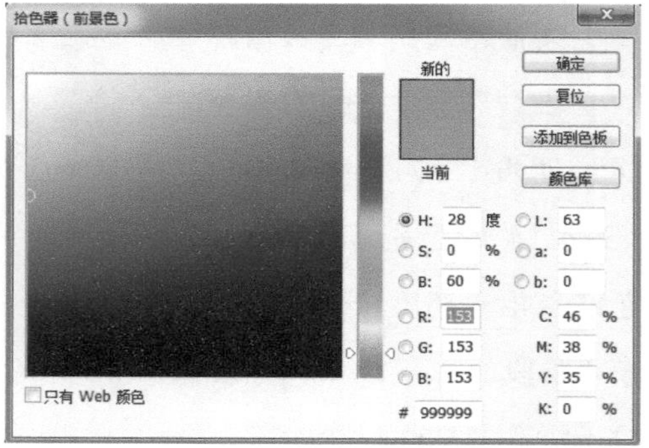

图10　拾色器

2. 色彩的推移

2.1　色彩推移的形式

推移构成就是利用色彩的明度、纯度及色相对比的原理来构成一定形态空间的变化，使之能形成具有多重空间多层次的设计形态，表达一种具有艺术性及审美价值、鉴赏价值的造型作品。

（1）平行推移　将色彩根据直线、斜线、曲线或者不规则线按等间隔或近似间隔进行有秩序地安排处理，称之为“平行推移”，如图11所示。

（2）放射推移

①定点放射。又称之为日光放射、离心放射，画面应确定一个或多个放射点，然后将色彩围绕入射点进行等角度或不等角度的排列、组合。

②同心放射。又称电波放射，画面应有一个或多个放射中心，将色彩从放射中心作同心圆、同心方、同心三角、同心多边、同心不规则等形状，向外进行扩散处理、安排。

③综合放射。将定点放射和同心放射综合在一个画面中进行组织、处理，如图12所示。

（3）综合推移　按照平行推移和放射推移的手法安排在同一画面中，使作品的形态进行曲、直、宽、窄、粗、细等对比，使构图变得复杂、多变、效果更为丰富、有趣。但为防止产生散、乱、花、杂的弊病，画面中一般只应有一个中心或主体，或一主一次，切忌存在多中心和多主体的情况，如图13所示。

图11　色彩的平行推移

图12　色彩的放射推移

图13　色彩的综合推移

（4）错位、透叠及变形

① 错位。存在整体错位和局部错位两种情况。整体错位是为了进行色相的冷暖对比、明度的明暗对比、纯度的鲜灰对比，将底色与图的色彩作整体相反的排列。例如底色冷到暖，则图色暖到冷；底色明到暗，则图色暗到明；底色鲜到灰，则图色灰到鲜。

局部错位是处理有规则块状色彩排列时常采用的方法。例如第一排用1、2、3、4号色，第二排用2、3、4、5号色，第三排用3、4、5、6号色等，每排错开一级或多级。

② 透叠。是一种当两个形体相重叠时，处理成两者都能显现形体、轮廓的表现手法。色彩透叠能够表现出透明、轻快的效果，趣味性和现代感很强，如图14所示。

③ 变形。色彩推移具有很强的可变性和创造性，在掌握基本构图形式、着色规律后进行各式各样变化，充分发挥个人的构思和想象，将会产生数不胜数的好作品，如图15所示。

图14　色彩的错位和透叠

图15　色彩的变形

2.2　色相推移

根据色相环的规律，利用各种色彩的相互推移变化称为“色相推移法”。简单地说，色相推移就是从一种颜色转换到另一种颜色的过程，例如红到黄，中间就存在橙色的过渡；黄到蓝，中间就存在绿色的过渡；蓝到红，中间就存在紫色的过渡，如图16所示。

图16　色相推移

2.3　明度推移

将色彩根据明度等差级系列的顺序，由浅到深或由深到浅进行排列、组合构成某种渐变形式的形态空间称之为“明度推移”。特点是层次分明，色彩变化细致，空间感强。一般都选用单色系列组合，也可选用两个色彩的明度系列，但也不宜选用太多，否则易乱易花，效果就会适得其反，如图17所示。

图17　明度推移

2.4　纯度推移

纯度推移是利用颜色的纯度按照一定的规律变化所形成的构图。一般可以在一种色彩中加入另一种色彩，使色彩的纯度发生变化。也可以在色彩中加入不同深浅的灰色，改变色彩的纯度关系，并按照一定的深浅变化规律形成推移效果的构图，如图18所示。

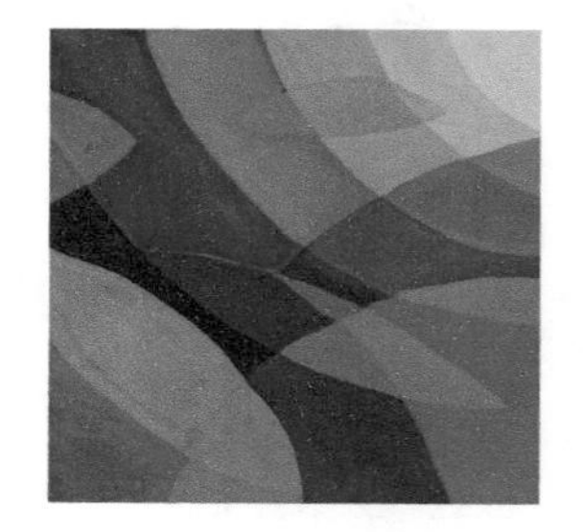

图18　纯度推移

3. 色彩的对比与调和

3.1　色彩的对比

（1）明度对比　明度对比是色彩明暗程度的对比，也称为色彩的黑白度对比。根据明度色标（图19），将明度分为10级，0度最低，

9度最高。3度差以内的对比称为“短调对比”；3~5度差的对比称为“中调对比”；5度差以上的对比称为“长调对比”。在明度对比中，如果面积最大，作用也最大的色彩属于高调色，另外色的对比属于长调对比，那么整组的对比就称为“高长调”。用这种方法可以把明度对比大体划分为以下9种：高长调、高中调、高短调、中长调、中中调、中短调、低长调、低中调、低短调，如图19、图20所示。

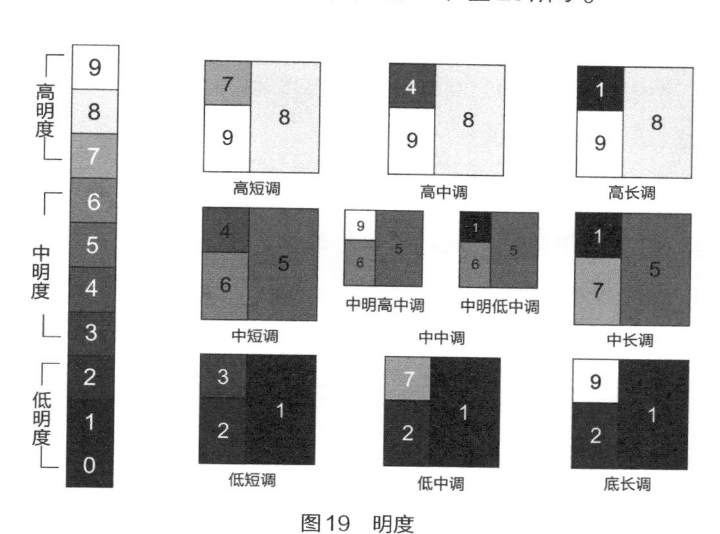

图19　明度

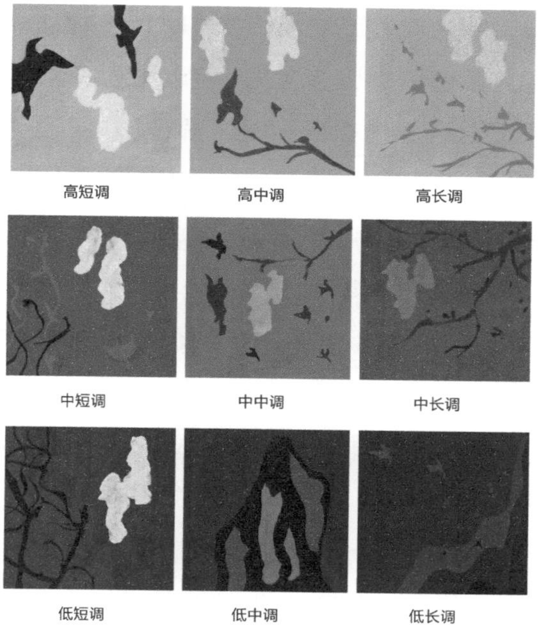

高短调　高中调　高长调

中短调　中中调　中长调

低短调　低中调　低长调

图20　明度对比

① 高长调。主色调为高明度、5度差以上。用低明度的色彩与之对比所产生的效果称为高长调。此调明暗反差大、对比强、形象清晰度高，有积极、活泼、刺激、爽朗、明快之感。

② 高短调。主色调为高明度、3度差以内。用浅灰色彩与之对比所产生的效果称为高短调。弱对比效果、反差弱、形象分辨率差、形象模糊，其特点为：幽雅、柔和、高贵、软弱、温馨、冷淡、在设计中常被用来作为女性色彩。

③ 高中调。主色调为高明度、3～5度差。以高调色为主的中强度对比，有明亮、愉快、辉煌的效果。

④ 中长调。主色调为中明度、5度差以上。配合小面积亮色和暗色的构成，形成中明度的强对比。此调稳定而坚实，给人以强健的男性色彩效果，会有丰富、充实、强劲的力量。

⑤ 中短调。主色调为中明度、3度差以内。配合小面积亮灰色和暗灰色的构成，画面犹如薄雾一般，朦胧、含蓄、模糊，同时又显得比较平板，清晰度较差。

⑥ 中中调。主色调为中明度，3～5度差。属于不强也不弱的对比，给人以丰富、饱满的感觉。

⑦ 低长调。主色调为低明度、5度差以上。小面积亮色对比的构成方式。低调的强对比效果，反差大，刺激性强，给人以压抑、苦闷的感觉，但却蕴藏着一种内在的爆发力和感召力。

⑧ 低短调。主色调为低明度、3度差以内。使用大面积的暗黑色与小面积暗灰色的构成方式。低调的弱对比效果，一方面表现出阴暗、低沉、有分量，另一方面显得迟钝、忧郁，使人有一种透不过气的感觉。

⑨ 低中调。主色调为低明度、3～5度差。这种对比朴素、厚重、有力度，在设计中常被认为是男性色调。

（2）纯度对比　一个鲜艳的红色与一个含灰的红色并置在一起，能比较出它们在鲜艳程度上的差异，这种色彩性质的比较，称之为纯度对比。同明度对比相似，因纯度差别而形成的色彩对比。不同色相的纯度大致分为三段：0~2度色所在段内称“低纯度色”；7~9度纯色所在段内称为“高纯度色”；余下的中间段称为“中纯度色”。相差7个阶段以上为强对比；相差5个阶段为中对比；相差3个阶段以内为弱对比，分为9个纯度调子，如图21、图22所示。

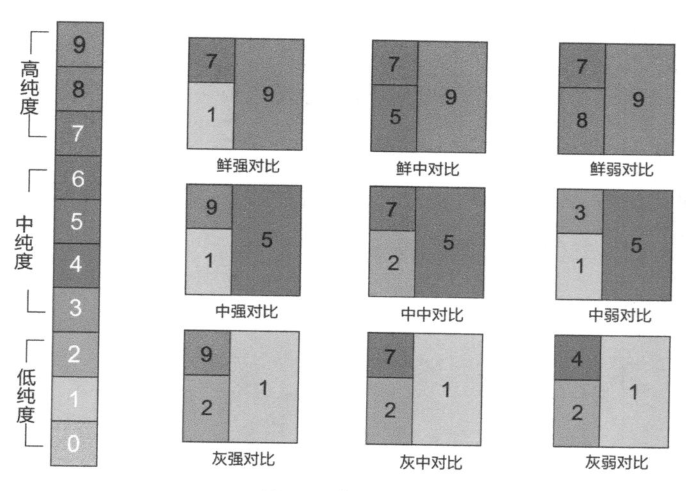

图21　纯度色标

图22　纯度对比

① 高纯度基调。在纯度对比中，如果其中占主体的色和其他色相都属于高纯度色，即称为“高彩对比”。色彩饱和、鲜艳夺目，色彩效果肯定具有强烈、华丽、鲜明、个性化的特点。

② 中纯度基调。在纯度对比中，如果其中占主体的色和其他色相都属于中纯度色，即称为“中彩对比”。色彩温和柔软，典雅含蓄，具

有亲和力，以及调和、稳重、浑厚的视觉效果。

③ 低纯度基调。在纯度对比中，如果其中占主体的色和其他色相都属于低纯度色，即称为“低彩对比”。色彩或含蓄、朦胧、暧昧，或淡雅、忧郁，具有神秘感。

（3）色相对比　色相环上任何两种颜色或多种颜色并置在一起时，在比较中呈现色相的差异，所形成的对比现象，称之为色相对比。常见的对比形式为：同类色相对比、邻近色相对比、对比色相对比、互补色相对比，如图23和图24所示。

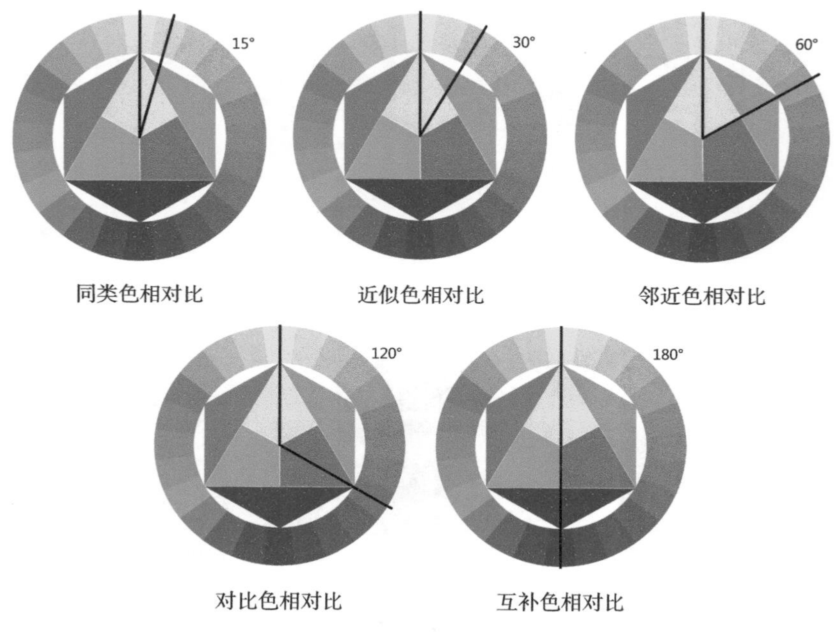

图23　色相对比度

图24　色相对比

（4）冷暖对比　冷暖对比就是取决于人对色彩感觉的冷暖差别形成的色彩对比，这是一种客观的色彩作用于心理而产生的对比，有时候具有相对性，比如淡黄和白色一起时，淡黄是暖的，淡黄和橘色在一起淡黄就是冷的，如图25所示的色彩冷暖对比。

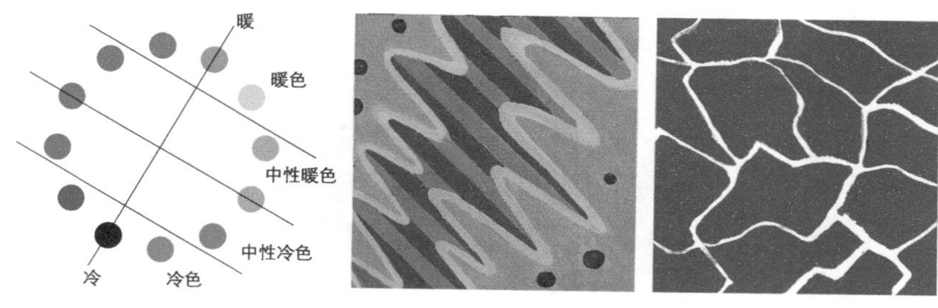

图25　色彩的冷暖对比

（5）面积对比　面积对比是指各种色彩在画面构图中所占面积比例大小对比产生的视觉作用，如图26所示。

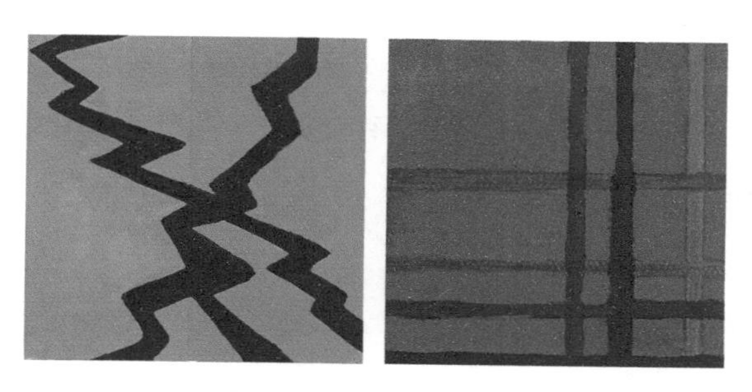

图26　色彩的面积对比

（6）形态对比　色彩属性不变，随着形态的变化，画面所呈现的对比度不同，例如方形的、尖角的形态与曲线的、有机的形态，色彩对比的效果作用于人的视觉效果不同，如图27所示。

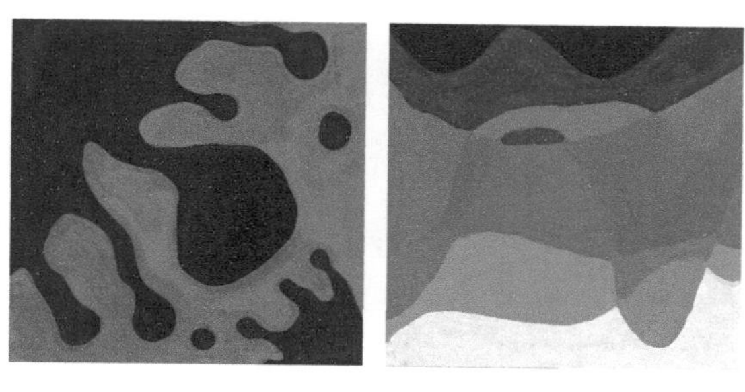

图27　色彩的形态对比

（7）位置对比　因距离的远近位置所呈现出来的不同对比度，双方互相呈接触、切入状态时，或当一色包围另一色时，对比效果越强，反之越弱，如图28所示的红绿对比效果。

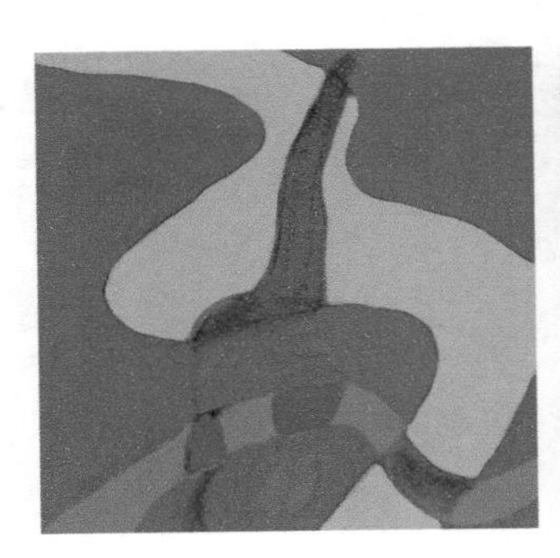 

图28　色彩的位置对比

3.2　色彩的调和

（1）类似调和　类似调和采用色彩要素中近似的色彩属性形成视觉上统一、协调的效果。类似调和存在同一调和、近似调和两种形式，如图29所示。

图29　色彩的类似调和

（2）对比调和　对比调和以变化为主，主要是通过色彩三要素的差异来实现。为了使色彩对比不过于强烈，增添色彩组合的和谐感。可在对比色彩中利用色彩要素的一致性来减少对比度，如色相呈对比，就得在明度和纯度中求统一，反之，若明度和纯度呈对比，就应利用统一或近似的色相来求得统一和变化的均衡效果，如图30所示。

图30 色彩的对比调和

（3）色彩调和与面积对比 面积调和主要是根据各色彩的色域大小所构成的均衡调和关系。其可使原本不调和的色彩经过面积关系进行调整后变的调和舒适。如俗话说：万绿丛中一点红。如图31所示利用色彩的面积对比，以及邻近色调和，使得画面中的两对补色对比强度大大降低。

图31 色彩调和与面积对比

3.3 色彩对比与色彩调和的关系

色彩对比与色彩调和是相对而言的，没有对比也就无所谓调和，两者既互相排斥又互相依存，相辅相成，相得益彰。不过色彩的对比是绝对的，因为两种以上色彩在配置中，就会在色相、纯度、明度、面积等方面或多或少有所差别，这种差别在不同程度上必然会产生对比。过分对比的配色需要增加色彩组合中的属性共性来进行调和，过分柔和的配色则需要加强对比来进行调和产生层次感。色彩的调和就是在各色的统一与变化中表现出来的，也就是说，当两个或两个以上的色彩进行搭配组合时，为了达成一项共同的表现目的，使色彩关系组合调整成一种和谐、统一的画面效果，这便是色彩调和的效果，如图32所示。

图32　色彩对比与色彩调和

4. 色调

4.1　色彩的色调

色调指的是在一幅画中画面色彩的总体倾向，是大的色彩效果。在不同颜色的物体上，笼罩着某一种色彩，使不同颜色的物体都带有同一种色彩倾向，这样的色彩现象就是色调，如图33所示。

CCS色调图

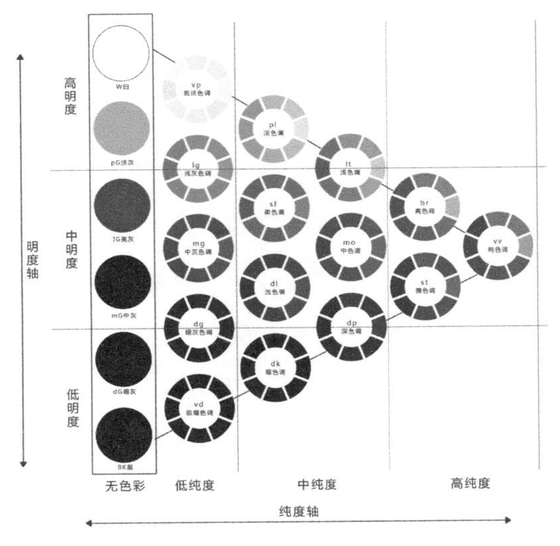

图33　色调图

4.2　色调的分类

色调分为绘画、光源、服装、固有色四类。

（1）绘画　单色调是指只用一种颜色在明度和纯度上作出相应的调整，建议使用中性色。这种方法，存在强烈的个人倾向。如采用单色调，则易形成一种绘画风格。调和调是指邻近色的配合，这种方法在标准色的队列中采用邻近的色彩作为配合。对比调，易造成不和谐的现象，必须加中性色便于调和。注意色块大小、位置，才能均衡整体画面的布局。

（2）光源　同样的物体在不同的光线下会呈现出不同的色调，如果在暖色光线的照射下，物体就会统一在暖色调中；如果在冷色光线照射下，物体又会被统一在冷色调中。当光线带有某种特定的色彩时，整个物体就被笼罩在这种色彩之中。光线决定色调最明显的例子就是在戏剧舞台上，不同颜色的灯光对舞台色调有不同的影响。

（3）服装　简单来说，不同的色彩给人以不同的感觉，色彩会给人冷和暖、膨胀和收缩、轻和重、柔和与坚硬、华丽与朴素、兴奋和沉静等不同的感觉。不同的人，不同的季节，不同的场合，我们需要不同的感觉。中性色的衣服是组成衣橱的基础物体。中性色和任意色彩都搭配得起来，反复穿也不会产生让人讨厌的感觉。暗的（深的）中性色主要用于冬季服装的使用上，浅的中性色用于夏季服装，以黑、白、灰三种基础色为主。

（4）固有色　固有色对色调也起着至关重要的作用。也可以说固有色是决定色调最基本的因素之一。例如，山林在春天时呈现出一片嫩绿的色调；而秋天则呈现出一片迷人的金黄色色调；冬天叶落草枯则呈现出一片灰褐色色调。这些色调的变化，主要取决于物体本身固有色的变化。

5.色彩的空间混合

5.1　色彩的空间混合原理

各种颜色的反射光迅速地先后刺激或同时刺激人眼，光在人眼中留下的印象在人眼中混合，几乎同时将信息传入人的大脑皮层。也可被称之为并列混合、色彩的并置。混色系统分为色光混合与色彩（色彩颜料）混合。即两种及两种以上的色光或色彩混合产生的视觉效果，是色彩丰富多样的基础。舞台灯光使用的色彩混合就是色光混合，而我们绘画时常用的调色法就是色彩混合。色光混合定义为加色混合，色料混合通常定义为减色混合。

5.2 色彩空间混合的方法（图34）

（1）加法混合　加法混合即将不同的色光混合在一起，产生新的色光。特点是混合后的色光明度等于将混合前的各种色光的明度相加，故称加法混合。

（2）减法混合　减法混合也称色料混合，是指色彩颜料的混合，又可分为颜料混合和叠色。因其混合后的色彩相对于混合前的色彩明度、纯度都减少了，故称减法混合。

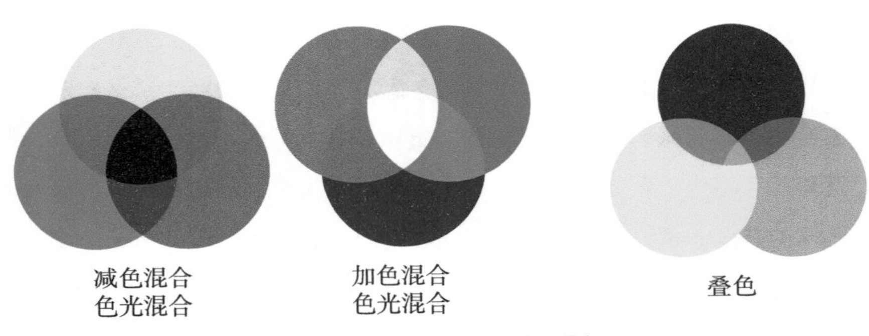

图34　加法混合、减法混合、叠色

叠色指当透明色叠置时所产生新色的方法。特点是透明色每重叠一次，透明度就会随之减少，叠出的新色明度降低，所得新色的色相介于相叠色之间，纯度也有所下降。双方色相差别越大，纯度下降就越多。但完全相同的色彩相叠，叠出色的纯度还有可能提高。两色相叠，必分底与面（前或后），所得新色色相更接近于面色而并非是两色的中间值。面色的透明度越差，这种倾向越明显。

（3）中性混合　中性混合也可以说属于色光混合，其混合规律和色光混合基本相同。不同之处在于，中性混合相混的是反射光，混合色的纯度有所下降。明度是混合色的平均明度，既不增加，也不减少。

（4）空间混合　通过一定的空间距离，将两种或两种以上的颜色并置在一起，在人视觉内达成混合称空间混合，又称并置混合。这种混合与前两种混合不同点在于其颜色本身并没有真正混合，但必须借助一定的空间距离来完成。如图35所示。

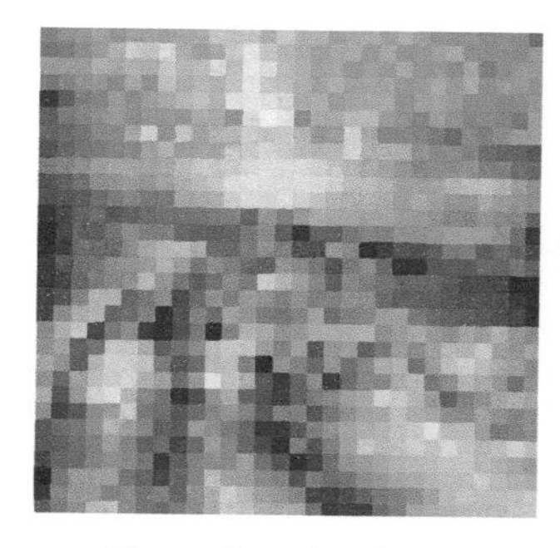

图35　色彩的空间混合

6. 色彩的肌理

色彩的肌理实际上是世界万物色彩表现出来的一种基本元素（图36），比如石头上的纹路、叶片的脉络、肌肤的质感等。这种自然形成的、人工形成的物体表面的肌理和色彩是同时作用到人对色彩的感知上的。

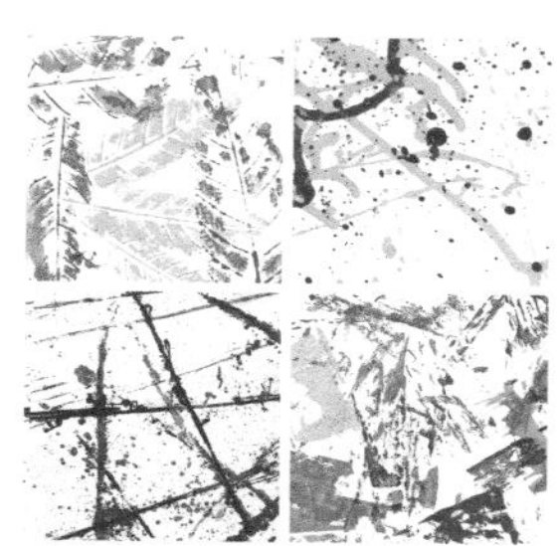

图36　色彩的肌理

7. 色彩的社会属性

7.1　色彩生理

（1）色彩的适应性　关于色彩适应的现象，我们可以用这样一个实验来说明：当你戴上一副有色眼镜观察外界物体的时候，一开始景物似乎都带有镜片的颜色，但是经过一段时间后，镜片的颜色在视觉上会逐渐消失，外界的景物又恢复成原来近似的颜色。当你摘下有色眼镜后，景物颜色在感觉上又突然失真，而后恢复。这种视觉现象即是色彩适应现象。

（2）色彩的恒常知觉　当客观条件的变化在一定范围内时，我们的知觉印象在某一程度上却保持着它的稳定性，即知觉恒常性。恒常性分为形状恒常性、大小恒常性（例如远处的一个人向你走近时，他在你视网膜中的图像会越来越大，但你感知到他的身材却没有什么变化）、明度（或视亮度）恒常性、颜色恒常性（例如绿色的东西无论在红光条件下还是绿光条件下或者白光条件下，你眼中的它都是绿色的）这几种形式。

（3）色彩的易见度　色彩的易见度又称知觉度，即体现在给人的强弱感觉。配色中常常运用色彩易见度原理来处理色彩的宾主和层次关系。如在绘画艺术中为了加强画面的色彩透视效果，主体和前景常常配以易见度高的醒目的色彩；在装饰色彩构成时，为了突出装饰的主体，产生引人注目的效果，一般采用易见度高的色彩配合。

（4）色彩的前进与后退感　同一背景、面积相同的物体，由于其色彩的不同部分给人以突出向前的感觉。有的则给人以后退深远的感觉。当两种同形同面积的不同色彩在相同无彩色系的背景衬托下，给人的感觉是不同的。如黑与白，我们感到白色大，黑色小；红与蓝，我们感到红色大，蓝色小；高纯度与低纯度，高纯度大，低纯度小。大的我们称前进色、膨胀色；小的我们称后退色、收缩色。其结果是暖色产生前进、膨胀的感觉；冷色则产生后退、收缩的感觉。

（5）色彩的膨胀与收缩感　因为当各种不同波长的光同时透过水晶体时，聚集点并不完全在视网膜的一个平面上，从而在视网膜上形成影像的清晰度就存在一定的差异。长波长的暖色影像似有焦距不准确的现象，因此在视网膜上所形成的影像模糊不清，似乎具有一种扩散性；短波长的冷色影像就比较清晰，似乎具有某种收缩性。所以，我们在凝视红色的时候，时间长了就会产生眩晕现象，景物形象模糊不清似有扩张运动的感觉。

色彩的膨胀、收缩感不仅与波长有关，而且还与明度有关。由于“球面像差”物理原理，光亮的物体在视网膜上所成影像的轮廓外似乎有一圈光圈围绕着，使物体在视网膜上的影像轮廓扩大了，看起来就觉得比实物大一些，如通电发亮的电灯钨丝比通电前的钨丝似乎要粗得多，这种现象在生理物理学上被称为“光渗”现象。

（6）色彩的错视性　由于色彩视觉主要是受心理因素、知觉活动的影响，而产生的一种错误的色彩感应现象，称为“心理性机带或视差”。连续对比与同时对比都属于心理性视错的范畴。

连续对比是指人眼在不同时间段内所观察与感受到的色彩对比视错现象。从生理学角度上来讲，物体对视觉的刺激作用突然停止后，人的视觉感应并非立刻全部消失，而是该物的映像仍然暂时保留，这种现象也称作“视觉残像”。视觉残像又分为正残像和负残像两类。

所谓正残像，又称“正后像”，是连续对比中的一种色觉现象。它是指在停止物体的视觉刺激后，视觉仍然暂时保留原有物色映像的状态，也是神经兴奋有余的产物。如注视红色，当将其移开后，眼前还会感到有红色浮现。

所谓负残像，又称“负后像”，是连续对比的又一种色觉现象。指在停止物体的视觉刺激后，视觉依旧暂时保留与原有物色成补色映像的视觉状态。例如，当久视红色后，眼睛迅速移向白色时，看到的并非白色而是红色的补色——绿色。

7.2　色彩情感

（1）色彩的冷暖感　色彩的冷暖感是人们最为敏感的。例如当人们看到红色、橙色、黄色，就会想到太阳和火光，就会产生温暖感。当人们看到蓝色、蓝绿色，就会想起海水，就会有清凉或寒冷感。

具有温暖感的色彩是：红、橙、橘黄、黄、紫红。

具有寒冷感的色彩是：蓝、蓝绿色、紫蓝。

中性色彩是：紫、绿、黑、白、灰。

借用色彩的冷暖性可以表达出人的不同情感，一般暖色系传达出欢喜、热情、激动、兴奋、温情等积极情绪，使人兴奋，但看久了极易疲劳与烦躁不安；而清新明快的色调却能给人带来愉悦轻松的心理感受。

（2）色彩的兴奋与沉静感　眼睛受到不同的色彩刺激，就会产生不同的情绪反射。能使人感到鼓舞的色彩称之为积极兴奋的色彩。而反之，使人消沉或感伤的色彩称之为消极的沉静色彩。影响感情最深的是色相，其次是纯度，最后是明度。会引起观者兴奋感的颜色如红色、橙色等，称为兴奋色；而使人有沉静感的颜色，如蓝色、蓝绿色等，称为沉静色。

（3）色彩的轻重感　色彩的轻重感主要由明度决定。高明度的配色具有轻的感觉，低明度的配色具有重的感觉。由于外表色彩和色彩的深浅不同，也会引起对物体轻重不同感受的错觉。有这样一个实验：在被测试者的左右手放置重量体积相等而色彩不同的盒子，当提醒测试者关注盒子的颜色后，他会感觉左右手的盒子在重量上有差异，当调整盒子重量直至被测试者感觉两边相等时，红、黑、白三色的重量分别是830克、800克和880克。可见，若想物体达到视觉上的重量平衡，颜色起着一定的影响，即黑色感觉重，红色次之，高明度的白色则感觉最轻。

（4）色彩的华丽与朴素感　色彩也存在华丽与朴素感的区别，这种感觉主要与纯度有关，纯度越高则鲜艳，华丽的感觉越强。明度对华丽的影响虽然较小，不过高明度的色彩还是比低明度的色彩显得较为华丽。就色调而言，活泼、高明度、强烈的色调，给人以鲜艳、华丽的感觉，而低明度的灰暗色调与纯色调，则给人以朴素的感觉。

从色相讲：暖色给人华丽的感觉，而冷色给人以朴素的感觉。

从明度讲：明度高的色彩给人华丽的感觉，而明度低的色彩给人朴素的感觉。

从纯度讲：纯度高的色彩给人华丽的感觉，而纯度低的色彩给人朴素的感觉。

从质感上看：质地细密而有光泽的色彩给人华丽的感觉，而质地疏松、无光泽的色彩给人朴素感。

（5）色彩的积极与消极感　色彩的积极与消极感和色彩的兴奋与沉静感相似。歌德认为一切色彩都位于黄色与蓝色之间，他把黄、橙、红色划为积极主动的色彩，把青、蓝、蓝紫色划为消极被动的色彩，绿与紫色划为中性色彩。积极主动的色彩具有生命力和进取性，消极被动的色彩则表现出平安、温柔、向往。体育教练为了充分发挥运动员的体力潜能，曾尝试将运动员的休息室、更衣室刷成蓝色，以创造一种放松的气氛；当运动员进入比赛场地时，要求先进入红色的房间，以便创造一种强烈的紧张气氛，鼓动士气，使运动员提前进入最佳的竞技状态。

（6）色彩的软硬感　色彩在视觉上呈现出来的软硬感觉主要来自色彩的明度，相比较而言纯度对软硬感觉的影响则不太明显。低纯度、高明度的色彩有柔软感，中纯度的色彩也可以呈现出柔软感；而高纯度和低纯度的色彩都呈现出坚硬的感觉，若它们的明度降低则硬感更明显；纯色相通常呈现出硬感，且各色相间没有明显的差别，而纯色加白，则增加柔软感，纯色加黑则硬感相对不变，而纯色加灰，随着含灰量的递增，则由柔软感向坚硬感变化。

如图37所示，硬硬的糖果一般都采用纯度高的亮彩色，而入口即化的棉花糖等口感柔软的糖果，多采用低纯度高明度的色彩来呈现糖果的柔软质地。

图37　色彩软硬

（7）色彩的强弱感　色彩的强弱取决于色彩的知觉度，凡是知觉度高的明亮鲜艳的色彩具有强感，知觉度低的灰暗的色彩具有弱感。色彩的纯度提高时则强，反之则弱。有彩色系中，以波长最长的红色为最强，波长最短的蓝紫色为最弱。有彩色与无彩色对比，前者强，后者弱。

（8）色彩的明快与忧郁感　明度越高的色彩越具有明快感，明度低的色彩则往往具有忧郁感。彩色中的白色具有明快感，黑色则具有忧郁性。灰色为中性色，暖色较有明快感，冷色则偏向忧郁性质，当中若加上明度与纯度的变化，则更加强明快感与忧郁感的效果。

（9）色彩的舒适与疲劳感　色彩的舒适与疲劳感实际上是色彩刺激视觉生理和心理的综合反应。红色刺激性最大，容易使人兴奋，也容易使人疲劳。凡是视觉刺激强烈的色或色组都容易使人疲劳，反之则容易使人舒适。绿色是视觉中最为舒适的色，因为它能吸收对眼睛刺激性强的紫外线。一般来讲，纯度过强、色相过多、明度反差过大的对比色组容易使人感到疲劳。但是过分暧昧的配色，由于难以分辨，使人视觉困难，也容易使人产生疲劳。

7.3　色彩文化

（1）色彩联想　色彩的联想大致可以分为具象联想和抽象联想这两种。

具象联想——指由一种颜色而联想到一种具象事物。如黄色使人联想到柠檬、香蕉、芒果；紫色使人联想到葡萄、紫罗兰、紫药水等（图38、图39）。

图38　黄色的柠檬

图39　紫色的紫罗兰

抽象联想——指由色彩联想到的某些抽象性逻辑概念的色彩心理联想形式，也就是色彩在人们心理上的感觉。如看到红色联想到爱情、温暖、紧张；看到橙色联想到华美、活泼；看到黄色会联想到富贵、温暖、高大；看到紫色联想到冷艳、凄美与朦胧等。

（2）色彩象征　当一种色彩所产生的联想与这个时期的某一个历史文化产生密切的关系，随即会变成这个特定时期的一种社会风俗，这就产生了色彩的象征性（Color Symbolism）。如在我国，红色变成革命的代名词，革命变成了红色在这一特定环境下的象征意义。一旦形成了象怔性之后，这种色彩就会被融入到它的历史背景中去，成为这一特定时期的时代象征语言。色彩象征性在它所处的特定历史时期，充当一种社会制度，被当时的人们所遵从。例如，许多国家的人民均喜欢绿色，而曾被德国纳粹奴役的法国人则非常憎恶墨绿，因为这种颜色和当时德国纳粹军队的军服非常相似。所以，在进行产品色彩设计时，我们要充分考虑目标用户所处的特定区域的历史、宗教和民俗民风等，要把这些特殊因素设定在我们的色彩规划中。

红——血、夕阳、火、热情、危险。

橙——晚霞、秋叶、温情、积极。

黄——黄金、黄菊、注意、光明。

绿——草木、安全、和平、理想、希望。

蓝——海洋、蓝天、沉静、忧郁、理性。

紫——高贵、神秘、优雅。

白——纯洁、朴素、神圣。

黑——夜、死亡、邪恶、严肃。

（3）色彩的不同心理感应　当人们看到色彩组合时，会因为色彩文化的作用，让人产生联想，形成不同的心理感受。如图40所示酸甜苦辣，如图41所示春夏秋冬。

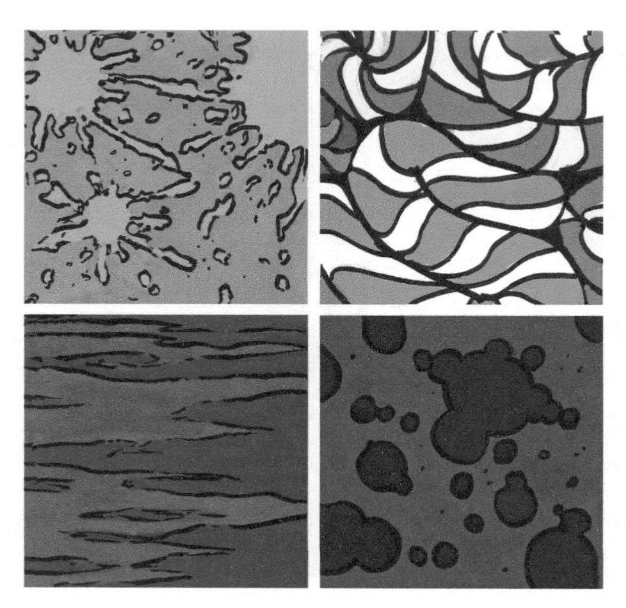

图40　色彩联想“酸甜苦辣”

图41　色彩联想“春夏秋冬”

参考文献

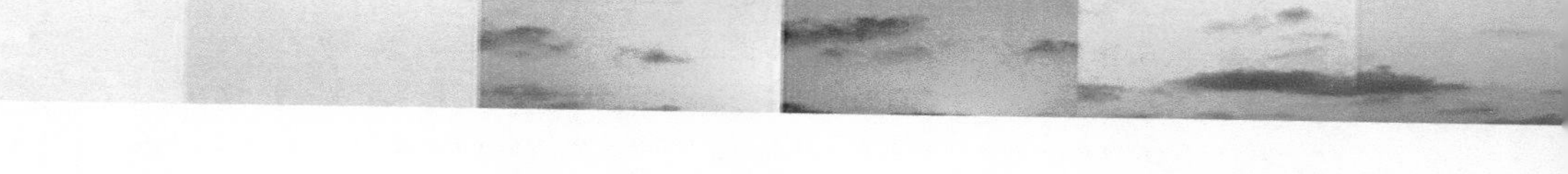

[1] 设计管理协会，黄蔚等. 设计管理欧美经典案例：通过设计管理实现商业成功［M］. 北京：北京理工大学出版社，2004.

[2] 沈法. 产品色彩设计［M］. 北京：中国轻工业出版社，2009.

[3] 张凌浩. 产品色彩设计的整合性思考［J］. 包装工程：2005，163-165.

[4]［德］爱娃·海勒. 色彩的文化［M］. 吴彤译. 北京：中央编译出版社，2004.

[5] 邱志诚，高娟，李慧萍. 产品外观色彩的色调设计与配色原则［J］. 包装工程：2004，1，124-125.

[6] 陈利洁，王继成. 产品色彩的工程特性［J］. 包装工程：2006，10，249-251.

[7]［日］视觉设计研究所. 设计配色基础［M］. 北京：中国青年出版社，2004.

[8] 刘永翔. 产品设计实用基础［M］. 北京：化学工业出版社，2003.

[9] 王毅，白晓波，熊大庆. 现代工业产品色彩研究与艺术设计［J］. 包装工程：2007，28（8）：189-191.

[10] 夏之放，李衍柱，赵勇. 当代中西审美文化研究［M］. 济南：山东教育出版社，2005.

[11] 李彬彬. 设计心理学［M］. 北京：中国轻工业出版社，2001.

[12] 徐恒醇. 设计美学［M］. 北京：清华大学出版社，2005.

[13] 李辛凯. 服装美与着装美. 西安：陕西科学技术出版社，1990.

[14] 王效杰. 工业设计趋势与策略. 北京：中国轻工业出版社，2009.

[15] 崔伟. 马斯洛需求层次理论原来是六层［EB/OL］.（2015-4-6）. davidcui.blog.sohu.com

[16] 唐济川等. 现代艺术设计思潮［M］. 北京：中国轻工业出版社，2007.

[17] 国家商务部网站［EB/OL］.［2011-9-6］. http://roll.jrj.com.cn/news/2008-01-11/000003165640. html.

[18] 徐继峰，张寒凝. 设计进行时——工业设计程序和方法教程［M］. 南宁：广西美术出版社，2009.

[19] 邵建伟. 产品设计新纪元——理论与实践［M］. 北京：北京理工大学出版社，2009.

[20] 蒋祖华. 人因工程［M］. 北京：科学出版社，2011.

[21] 李亮之. 色彩工效学与人机界面色彩设计［J］. 人类工效学，2004年9月第10卷第3期.

[22] 张宪荣，张萱. 设计色彩学［M］. 北京：化学工业出版社，2003：178.

[23] Wang Yi, Wang Jia-min, Jin Shuo-ping, Colour Research and Creativity in Product Design. [J] IEEE 10th International Confrence on CAID, 2009, 10: 490-491
[24] 梁勇. 色彩：格兰仕的“色彩革命”[EB/OL]. [2005-12-20] (2007-3-24). http://www.boraid.com/article/45/45450_2.asp?size=big
[25] 色彩营销，http://baike.baidu.com/link?url=YqL9yjh8fDXp11MQUldWQXahIXp9QaL9wmKa42TRwTJC0Uh9dL4_rPmq0vzLeDjYxSE_I5m_GxCKUgGM_2r_0_.
[26] ECCO设计公司. “春之色彩”[R]. 2013 IDSA International conference.
[27] 产品色彩涵盖的信息组成 [R]. 2013 IDSA International conference..
[28] 李超德. 色彩在现代设计中的多重语义 [J]. 装饰，2011，6：59.
[29] 张全. 产品色彩智能设计理论与方法研究 [D]. 西安：西北工业大学，2007：5.
[30] [美] Chris Murray. The color of design from emotional to rational thinking [R]. 2013.
[31] Qu Li-Chen, et al. A Study of Colour Emotion and Colour Preference. Part Ⅱ : Colour Emotions for Ywo-Colour Combinations [J]. Color Research & Application, 2004：29.
[32] 张全，陆长德，于明玖. 基于多维情感语义空间的色彩表征方法 [J]. 计算机辅助设计与图形学学报，2006，18 (2)：289-294.
[33] Hsiao S W，Tsai H C. Use of gray system theory in product—color planning [J]. Color Research and Application，2004，29 (3)：222-231.
[34] Gero JS. Computational Models of Innovative and Creative Design Processes [J], Technological Forecasting and Social Change，2000，(64)：183-196.
[35] Orientations: Industrial Design 2013 [EB/OL]. [2013-4-10] http://www. pantoneview.com/.
[36] 色彩与视觉—心理性视错 [EB/OL]. (2014-12-3). www.douban.com.
[37] 色彩构成 [EB/OL]. (2014-12-3). 百度百科 www.baike.baidu.com.
[38] Shing-Sheng Guan, Po-Sung Hung. Influences of Psychological Factors on Image Color Preferences Evaluation [J]. Color research and application，2010，(35)：213-232.
[39] 尾登缄一. 色彩计划. [M]. 东京：日本包装机械工业会，2002.
[40] George Iannuzzi，2013全球汽车用色流行 [R]. 2013 IDSA International conference.
[41] 夏日繁，色彩之影 [R]. 2013 IDSA International conference.
[42] 段卫斌，工业设计产学研实践 [M]. 上海：上海科学技术出版社，2011.
[43] 琳达. 霍茨舒. 色季色彩导论 [M]. 上海：上海人民美术出版社，2006.
[44] http://www.philips.com.cn/.
[45] http://www.haier.net/cn/.
[46] http://www.casarte.com.
[47] http://www.midea.com.cn.
[48] http://www.hisense.com.
[59] http://www.audi.cn.
[50] http://www.bmw.com.cn.
[51] http://www.mercedes-benz.com.
[52] http://www.pantoneview.com.
[53] Stephance Benoit Montero, Stool Design. 21世纪顶级产品设计 [M]. 上海：上海人民美术出版社，2005.

后记

时至今日，终于将从事10年的产品设计研发、产品色彩设计教学与设计实践中所积累的感悟，一笔一顺地“码”在键盘上。此时砰然心动，并非因长达3年的书写终于可以收笔而产生的兴奋与放松，而是更加感到书将面世所带来的压力。孩子小升初的准备学习也时长3年有余，恰恰伴随着笔者断断续续的著书工作。希望今日，能够共同迎来辛勤耕种的“成果”。

小时候，把收集的各种颜色的毛线穿到一个铜圈里，做成一个毛线毽子。踢毽子时，飞舞的并不仅仅是毽子，而是美丽的色彩搭配，欣赏着、把玩着……随着年龄的增长，心里喜欢的色彩也逐渐从红色变为粉色、发白的粉色，到现在的中性色。在从事色彩设计研究的工作中，对色彩的关注从不减弱，当一年级小朋友背着书包放学时，那清一色的桃粉色一定是女孩子的装束，蓝色一定是男孩子的装束。年龄大一些的学生喜欢的装束——书包和服装等，和笔者一样，多数是中性色、低纯度的色彩。这是色彩共性的问题，是人们心理状态的反应，既是私人的，也是社会的，既是个性的，又是从众的。

产品色彩，也有着很多发展的规律。比如说，第一个问世的产品，色彩会是什么色彩？不同类别的产品，会不会有相同的规律？2010年，我和杨剑威做了一次有关个人对电动自行车色彩喜好的调查，调研过程中，我们发现电动车的用色色域宽，超过了汽车用色的色域。比如说红色，在电动自行车中，红色的种类有暗红、大红、暖红、冷红等。而汽车的红色，在不同品牌下，根据产品的价格，色域相对较窄。而且，也如书中理论所陈述的那样，昂贵的产品，色彩偏向中性色的更容易满足消费者的需求，而相对便宜产品的色彩来说，彩色的种类也相对较多，可以更好地满足消费者差异化的需求。

书中尽力地将色彩设计理论与我们近10年的色彩研究与设计案例一一对应起来，让读者能够将设计理论与实践结合起来。也希望通过书中案例，尤其是我们自己所做的案例，色彩方案形成过程以可视的、意象的表达，传递给读者更清楚的设计灵感、思路与方法。

每每发现色彩搭配中的规律，就实时记录在心，直至《产品色彩设计》收笔之时，发现仍然不能将色彩知识、色彩设计的理论与方法阐述详尽。色彩无限、研究无限、设计更无限。虽不能全面叙述，但也求给喜欢色彩的人以帮助。或理性、或感性，让读者能够更加灵活地运用色彩。

多年积淀，总算有所铸就。由衷感谢家人的关怀、体谅，让笔者全身心地投入所热爱的工作。十分感谢导师王家民教授在笔者最困难、最想放弃的时候，督促笔者坚持研究工作；感谢西安理工大学艺术与设计学院院长吉晓民教授在学术上的帮助和指点；感谢“西安新艺维工业设计有限公司”杨剑威先生在设计案例中所从事的重要工作，以及对本书编排所费尽的心思，对笔者工作的鼎力支持。感谢学生团队申宇、刘强、邓昊、冯亚洲、史新博、舒诗芳、郝若彤、邱冬晓以及研究生李光耀、刘玉连、卢璐以及西安理工大学07-15级笔者所教授过的工业设计学生，他们优秀的作品成为书中的亮点。感谢书中所提及的企业、公司对本书的支持。谨以此书感谢母亲对笔者最无私的爱，爱人的理解与支持，并祝贺儿子升入理想初中！

对书中引用、参考的书籍，各种文献作者致以衷心的感谢。附录部分主要引用现有文献的定义、理论，作为前面书中设计知识的有益补充。笔者在书中尽力标注清楚，但难免疏忽，不妥之处敬请批评指正。

王　毅

2015.5 于古城西安